# 孫子探微

許競任　著

# 卷首：

道通天地有形外
思入風雲變化中

# 翁所長序

春秋時代，百家爭鳴，列國諸侯，迫於兼併，百家思想，莫不言兵。孔子以「不教民戰，是謂棄之。」將足兵與足食、民信等列，而孔門亦以六藝教導學生，門下弟子投身國際事務，乃至軍事指揮工作者多人。觀諸《漢書・藝文志》，〈兵書略〉與諸子、六藝等并載七略，足見當時兵家之學術思想，已粲然大備。而〈兵書略〉中即首列《孫子兵法》，唐太宗說：「朕觀歷代兵法，無出孫子。」《四庫全書提要》且推之為「百代談兵之祖」，顯見《孫子兵法》早為傳統中國胸懷韜略者所奉行的圭臬。

《孫子兵法》一書約在十八世紀末，由法國傳教士譯為法文，傳入歐洲。惟當時正是拿破崙風起雲湧的時代，並未受到太大的重視。及至拿破崙戰爭之後，西方兵學鉅著，如克勞塞維茲的《戰爭論》(On War)、約米尼之《戰爭藝術》

(Summary of the Art of War)等逐一問世，並成為指導嗣後一、二次世界大戰的戰略思想，而渠等所奉行的殲滅戰術，為在大戰中的各國百姓，帶來了空前的浩劫，結束二次大戰的正是兩顆威力強大的原子彈，這不啻是殲滅戰術的極致，但也帶來了保證相互摧毀(Mutual Assured Destruction MAD)的危機。這時人們不得不認真思考，如何去控制戰爭這隻怪獸，以避免世界文明的毀滅。因此孫子「謀略全勝」的思想，終於重新獲得肯定，英國戰略學家李德哈達(B. H. Liddell Hart)所倡導的「間接路線」(Indirect Approach)正脫胎自孫子「以迂為直」的觀念，而美軍提出「有限戰略」(Limited Straregy)，作為其解決全球危機的指導原則，在波斯灣戰爭及近期的科索沃戰爭中，都可看出其與《孫子兵法》思想的一致性。

至於《孫子兵法》原為古書文言體，經過時代變遷，頗多艱澀難懂之處，古今註家雖多，但尚缺一本適用於大學的教科書，本校軍訓室教官許君競任，在大學時代即學習中文，八十九學年度起亦將至本所就讀，其所著《孫子探微》一書，

## 三 翁所長序

經本人審視，體例詳善精雅，內容多有創見，是一本能適合於大學使用的教科書，故樂意為其推薦。當今面臨軍訓制度轉型，軍訓教育學術化為其大勢所趨，本人以為學術化的基礎正在於相關教科書的開放與多元化，希望這本教科書的刊行，能有助於我國軍訓學術化目標的達成，是樂以為序。

淡江大學國際事務
與戰略研究所所長

翁明賢

# 《孫子探微》目錄

## 第二篇　十三篇釋義

## 第三篇 試論孫子的要義與盲點

## 孫子探微 八

# 參考書目

# 孫子探微

許競任著

## 第一篇　導論



### 一、何謂兵法？

兵，《說文解字》：「械也；從廾持斤并力之貌。」段玉裁註：「械者，器之總名。器曰兵，用器之人亦曰兵，下文云從廾持斤，則製字兵與戒同意也。」廾是指雙手持抱，音（ㄍㄨㄥˇ）；斤是古兵器之一，狀似斧。雙手持斤有警戒之意，這與《說文》解「戒」字：「警也，從廾戈，持戈以戒不虞。」之意同，所以段玉裁認爲：「兵戒同意也。」至於警戒的目的，自然是維護國家安全。

由以上文字學的分析可知，所謂兵法是指「國家安全的警戒大法」，而國家安全的警戒大法，在現代的意義中，等同於國防之意，國防在現代戰略意義中，包含有準備戰爭（平時）與遂行戰爭（戰時）的兩個層次，而實際上，兵法所闡述的內容，也正是圍繞這兩大主題來開展的。

### 二、兵學的境界：

兵學是一種應用科學，目的是國家安全。各學科與國家安全有關之研究成果均應爲其所用，以厚植總體國力。它既不是純主觀的學科，也不是純客觀的學科，是交織各種主、客觀因素於一爐的學科；同時還須掌控一切可知狀況、並預判各種不可知的狀況，重要的是活用兵法，所謂「運用之妙，存乎一心。」是也。其思想境界，茲依鈕先鍾教授〈論戰略研究的四種境界〉（註一）爲綱，略爲說明：

（一）歷史境界：—通古今之變（經驗性）：

俾斯麥說：「愚人說他們從經驗中學習，我則寧願利用他人的經驗。」他所謂的經驗，指的就是歷史的教訓。事實上，兵學體系的建構，必然取材自歷史的經驗事實，正如自然科學的研究，必需取材自實驗的結果一樣；不同的是，實驗可以設定條件，並控制情況，而使同一個現象重複出現，而歷史則不能。因此，也更增加歷史研究的重要性。中國人特別重視歷史的研究，《左氏春秋》說：「前事不忘，後事之師。」宋神宗說：「君子多識前言往行以畜其德，故能剛健篤實，輝光日新」（資治通鑑序）都認爲：透過歷史的研究學習，可以使人們避免犯錯，所謂「鑑往知來」是也。而這也正是兵學所追求的。兵學從歷史的研究中，提鍊出政權的盛衰之理與戰爭的勝敗之因，而形成兵法，以作爲建軍備戰的準據，這就是兵學的「歷史境界」。

（二）科學境界：—識事理之常（知識性）：

兵學研究必須使用科學的方法，才能洞察始末，鑒別真僞。蓋兵爲國家大事，「死生之地，存亡之道」若不知慎思明辨，必陷舉國於危亡。在兵學中，所謂的科學化，是建立在理性化（客觀）及數量化的基礎上。所謂理性化是指不盲目衝動、不感情用事、不迷信、不私心，而純粹以客觀的現象爲依據，邏輯的思考爲方法，國家的利益爲目的，正確的評估與研究之意，其過程更須廣泛的結合各學科的知識，以求嚴謹。兵學必需尋求人類理性的支撐，戰爭才有被限制的可能，人類的戰爭，所以未能有效的被避免，大半可歸因於人們的誤會與偏見。其次，兵學亦須追求力量的數量化，所謂數量化是將彼此力量，賦予相同的規格單位，以方便比較及分析，孫子評估力量的方法，用「稱」、用「量」、用「算」，都必須有相同的規格單位，才有意義。

**(三) 藝術境界：—探無形之祕(智慧性)：**

如果說科學追求的是知己知彼，屬於力量從無到有的過程，側重的是建立；那麼藝術所追求的就是百戰百勝，屬於力量有而要求其產生最高效能的過程，側重的則是運用。運用必然是人爲主觀判斷的結果，是一種藝術的創作過程。相同的事物，不同的人，運用的結果會不同，這是藝術。孫子說：「五聲之變，不可勝聽也；五色之變，不可勝觀也；奇正之變，不可勝窮也。」(兵勢篇)指的正是這種力量運用所具備高度藝術性的特質。簡言之，習兵如習字，入門之初，可以臨帖，大成之後，必須忘帖。兵學先求形似，後求忘形，理念亦然，古人所謂：「得魚忘筌」是也。

**(四) 哲學境界：—究天人之際(靈感性)：**

《尉繚子》說：「凡兵，有以道勝，有以威勝，有以力勝。」其所謂道勝，即是兵學的哲學境界。如果說兵學的藝術性是屬於人為創造的結果，那麼兵學的哲學性則為天道使然。再高的藝術修養，歸結到底終究是技藝，進入哲學的境界後，才可以做到「天人合一」，由忘形進一步而成無形，這才是兵學修養的至高境界。至於何者為道？由於這並不屬於人類的經驗事物，所以頗難言宣，勉強言之，可稱之為『天機』。孫子說：「微乎！微乎！至於無形；神乎！神乎！至於無聲，故能為敵之司命。」「形兵之極，至於無形。」（虛實篇）皆在強調其本體無聲無臭無形的特質。唯其如此，故能「應形無窮」（虛實篇），且發必中節，《中庸》所謂：「不勉而中，不思而得，從容中道。」正是此意。

## 三、孫子兵法成書的時代背景：

依《史記・孫武本傳》記載，孫子是春秋末年至戰國初年的人，概約與孔子同時。當時「王道衰、禮義廢、政教失、國異政、家殊俗。」（詩經・大序）正是孔子所謂：「天下無道，則禮樂征伐自諸侯出。」（論語・季氏篇）的時代。整個政治的中心在諸侯而不在天子，而諸侯並起爭霸，爭霸必需用兵，用兵成為解決國際爭端的方法。據顧棟高《春秋大事表》所記載：楚并國四十二、晉十八、齊十、魯九、宋六。其征戰之頻繁，可以想見；國際上如此，而諸侯國國內也是政變不斷，例如：魯國有三桓之亂，晉國亦有六卿之禍，齊國則為田氏篡立……等等。內憂外患，兵連禍結，戰爭既是無可避免之事，而戰爭又是人類社會解決爭端最慘烈的方式，因此為減少國家、社會、家庭、個人的傷害，講究有組織、有計劃之作戰，成為必然趨勢，兵法乃應運而生。

## 四、孫子兵法的思想背景—先秦軍事思概說：

大體來說，先秦時的軍事思想是附屬於政治思想，而成爲其思想的一部份。《漢書》〈藝文志．諸子略〉區分先秦思想爲九流十家，而兵不在其中，惟各家如儒、墨、道、法均有其一貫的軍事思想；此外，另立〈兵書略〉，區分「兵」爲「兵權謀」、「兵形勢」、「兵陰陽」、「兵技巧」四大類，似有與〈諸子略〉分門而立之意。以現代的戰略思想而言，軍事是政治的工具，只是達到政治目的的專業技術而已；不過，軍事原是統合與運用之學，未戰前的評估與開戰後的投入，均須是整體的，其過程又必然與各部門息息相關，所以兵學理論在建構時，不可能捨各學說思想而閉門造車，而完整的學說思想，也必然包含有戰爭問題的討論。正如儒、道、墨、法四家均有軍事思想，而四大家的軍事思想，也必然激盪著《孫子兵法》的內容一樣。所以要瞭解孫子思想的精義，首先須要瞭解概與其同時代各家軍事思想的內涵。

### （一）儒家—仁者無敵，文武合一。

先秦儒家思想是以孔子、孟子、荀子三人爲代表。孔孟可視儒家的傳統派，荀子則爲儒家思想的改革派，在軍事思想的領域中，荀子與孔孟思想也存在著明顯的差異。不過，整體而言，儒家對於軍事政策是有階段性的，在大同之世強調「謀閉而不興，盜竊亂賊而不作」（禮記．禮運篇）軍事是可以去除的；但在小康之世則主張「城郭溝池以爲守」（禮記・禮運篇）又須致力於武備。孔、孟言兵，欲言又止，也可看出這種階段性的矛盾。

基本上，孔孟對於戰爭問題，只討論如何維持長治久安的國家發展戰略，對於如何克敵制勝的軍事作戰指導乃至於行軍用兵的戰術，是避而不談的。

衛靈公問陳於孔子。孔子對曰：「俎豆之事，則嘗聞之矣；軍旅之事，未之學也。」明日遂行。（論語・衛靈公篇）

「陳」就是當時的戰術。大體上，儒家思想以「仁」爲本，政治上主張以德服人，對於以力假人的軍事，向來是抱持著保留的態度，雖史載孔子曾主持「墮三都」之役，顯見孔子也有實際帶兵的紀錄，但孔門不錄兵法，亦爲事實。至於孔子是否真是未學軍旅之事，則頗足推敲，朱熹註：「尹氏曰：『衛靈公，無道之君也，復有志於戰伐之事，故答以未學而去之。』」相當程度是表達孔子對於衛靈公窮兵黷武的反感，不能據以說明孔子未學軍事。事實上，據《史記．孔子世家》記載：

冉有為季氏將師，與齊戰於郎，克之。季康子曰：「子之於軍旅，學之乎？性之乎？」冉有曰：「學之於孔子。」

冉有的證詞顯示，孔子不僅僅是知兵，而且孔門講堂上是教兵的。事實上，在孔門十大弟子中，亦有子路、冉有之徒爲武將，孔門若不教兵，又怎能培養出武將？教兵而不錄兵，正是儒家對軍事的複雜情結。

至於在《論語》中，孔子多次表達的軍事思想與主張，則是屬於國家發展戰略，茲列舉如後：

子貢問政。子曰：「足食，足兵，民信之矣！」子貢曰：「必不得已而去，於斯三者何先？」曰：「去兵。」子貢曰：「必不得已而去，於斯二者何先？」曰：「去食。自古皆有死，民無信不立！」（顏淵篇）

善人教民七年，亦可以即戎矣！（子路篇）

不教民戰，是謂棄之！（子路篇）

大體言之，孔子的政治思想是以經濟和軍事的均衡發展，文事與武備的兼籌並顧，爲其政治思想的主軸，再以教育來總其成。所以孔子不但主張「富而教之」，更應教之使之「可以即戎」，就軍事角度而言就是「全民國防」，而且軍事不但百姓應學，在學校中，也應教導，所以孔子講學，以「六藝」教導學生，實開我國「學生軍訓」之先河。此外，關於戰爭態度：

子之所慎：齋、戰、疾。（述而篇）

兵凶戰危，自應謹慎爲之，這是爲孔子的「慎戰觀」。至於戰爭性質：

陳成子弒簡公。孔子沐浴而朝，告於哀公曰：「陳恒弒其君，請討之！」（憲問篇）

臣弒其君，有違宗法，在當時是大不義的，所以孔子請哀公討伐，這是孔子的「義戰觀」。值得注意的是，連國君本身，亦須接受義戰觀的檢驗。假如國君因爲施政不義，造成生靈塗炭，則臣子是可以發動戰爭，將之推翻，這便是儒家的革命征誅之至道，有別於弒君，這不但不應責備，反而應大加讚揚，因此，儒家對於「湯武革命」及「武王伐紂」，均給予極高的評價。所以，綜合言之，孔子慎戰，而戰必以義。

至於孟子的軍事思想，則畢見於《孟子．公孫丑篇》：「天時、地利、人和。」的主張之中，「天時」是指掌握用兵的有利天候和契機；「地利」則指運用戰場的有利地形，孟子認爲，兩者雖然重要，但都不如「人和」重要，其所謂的「人和」是指藉由政治的修明，以鞏固內部的安定團結，〈公孫丑篇〉說：

域民不以封疆之界，固國不以山谿之險，威天下不以兵革之利，得多道者助；失道者寡助。寡助之至，親戚畔之；多助之至，天下順之，以天下之所順，攻親戚之所畔，故君子有不戰，戰必勝矣。

〈梁惠王篇〉：

王如施仁政於民，可使制梃以撻秦楚之堅甲利兵矣！……故曰：「仁者無敵。」

皆指政府平時施行仁政，必可凝聚百姓的向心，一旦國家遭受緊急危難，百姓必然奮力而起，報效國家。換句話說政治是軍事的根本，最堅強的國防在於全民的向心。至於仁政的內容，則不外是「省刑罰，薄稅斂，深耕易耨，壯者以暇日，修其孝悌忠信，入以事其父兄，出以是其長上。」（梁惠王篇）大抵仍不出孔子思想的範圍。不過，其中卻留下一個頗爲吊詭的地方，即「施仁政可使民制梃（木棍）以撻秦楚之堅甲利兵」，表面視之，似乎言之成理，但反推而言，其實大謬不然，難道使民制梃以撻秦楚之堅甲利兵的政治，可稱之爲「仁政」嗎？

相較之下，荀子就比孔子、孟子務實得多，荀子大違孔、孟「倡仁政、不言兵」的傳統，而與臨武君議兵於趙孝成王前。荀子的轉變，固然有著異於孔、孟的時代環境爲背景，但是這樣的轉變，所代表的正是儒家正式踏進了論列兵法的行列。

大體而言，荀子是以「禮」作爲一切法律制度的依據及安邦定國的根本。他說：「禮者，法之大分、類之綱紀也。」（勸學）又說：「禮義生而制法度」（性惡）政府若能隆禮而行，則「農分田而耕，賈分貨而販，百工分事而勸，士大夫分職而聽，建國諸侯之君分土而守，三公總方而議，則天子共己而已。」（王霸）具體言之，也就是「王者諸侯彊弱存亡之效，安危之勢」（議兵），引申推論而形成「強弱之本」、「強弱之常」和「強弱之凡」（議兵）的細目，茲舉「強弱之常」以爲說明：

好士者強，不好士者弱；愛民者強，不愛民者弱；政令信者強，政令不信者弱；民齊者強，民不齊者弱；賞重者強，賞輕者弱；刑威者強，刑侮者弱；械用兵革攻完便利者強，械用兵革窳楛不便利者弱；重用兵者強，輕用兵者弱；權出一者強，權出二者弱；是強弱之常也。（荀子・議兵篇）

本、常、凡三者，在意義上本無重大差異，皆指政府平常的施政。也就是說，力量的強弱是建立在政府平時的施政之中，而「兵革之利」更是其中的一項。這也是荀子與孔、孟軍事思想最大的差別。

此外，荀子也論列了「爲將之道」，即是《荀子・議兵篇》所指陳的「六術」、「五權」、「三至」及「五無壙」，荀子認爲具備這些條件的將領，是可通於神明的。

所謂「六術」是指：

一、制號政令，欲嚴以威。

二、慶賞刑罰，欲必以信。

三、處舍收臧，欲周以固。

四、徙舉進退，欲安以重，欲疾以速。
五、窺敵觀變，欲潛以深，欲伍以參。
六、遇敵決戰，必道吾所明，無道吾所疑。

所謂「五權」是指：

一、無欲將而惡廢。
二、無急勝而忘敗。
三、無威內而輕外。
四、無見其利而不顧其害。
五、凡慮事欲孰而用財欲泰。

所謂「三至」（即所以不受命於主）是指：

一、可殺而不可使處不完。
二、可殺而不可使擊不勝。
三、可殺而不可使欺百姓。

所謂「五無壙」是指：

一、敬謀無壙。
二、敬事無壙。

三、敬吏無壙。

四、敬眾無壙。

五、敬敵無壙。

這些主張實際已包含了「建軍」與「用兵」的兩大內容，視之爲儒家兵法，亦不爲過，其中「五無壙」以戒慎恐懼的存敬之心貫穿，具體而微的說明了『爲將』的「武德」修養與『爲士』的「道德」修養是一致的，是儒家典型的「內聖外王」思想的呈現。至於其議兵，常以仁義爲本，「仁人之兵，所存者神，所過者化，若時雨之降，莫不喜悅」（議兵篇），兵是禁暴除害的工具，所以大體仍不出儒家「義戰觀」的範疇。不過，荀子軍事思想中最爲超越當代的，應爲其論「王者之軍制」——「不殺老弱、不獵禾稼、服者不禽、奔命者不獲、順刃者生、奔命者置、城守不攻、不屠城、不潛軍、不留眾。」等重要觀念。蓋戰爭中，交戰雙方爲追求戰爭的勝利，往往不擇手段，而造成大量無辜生命與財產的損失，荀子論「王者軍制」，表示當時荀子已經開始注意這些問題，並且也提出對策。荀子似乎企圖建立一套戰爭進行的「規則」，並希望封建諸侯能共同遵守，這種觀念，概相當於現代《國際公法》中的《戰爭法》。

總之，儒家思想處亂世，倡仁義，充滿著崇高的理想色彩。其中尤以義戰觀所發展出來的革命征誅之至道，對後世影響最爲深遠。平心而論，這原係防範宗法過僵的設計，但問題在於戰爭的正不正義，究竟應由誰來判斷？由民心嗎？民心如流水，變動不居，如何探知，本身就是一大難題，更何況當時根本就欠缺足以令民眾裁判戰爭正不正義的相關社會條件及制度。是革命者本身嗎？戰爭之正不正義若是可由其自身來判斷，則世上將無不義之戰。是史學家嗎？史官乃執政者所任命，他敢指責其開國元祖爲不義嗎？而事實上，中國歷史的發展，戰爭的正不正義，是由勝利者來判斷的，成王敗寇的現象，一再在中國的歷史上重演。換言之，任何的作亂造反，均可以冠上「革命」之名，只要他的力量足夠強大，就不是亂臣賊子，如此安危在眾寡，而不在是非，這恐怕不是當初設計者之所樂見。儒家義戰觀最大的限制在此。

（二）道家—以正治國，以奇用兵：

基本上，道家是以冷眼客觀的心態來看世界，而己身又超乎世界之外的哲學。是一種樸素的自然主義。《老子．第十三章》：

何謂貴大患若身？吾所以有大患，惟吾有身；苟吾無身，吾有何患？故貴以身為天下，若可寄天下；愛以身為天下，若可託天下。

身體爲大患之源，行事不爲己身，也就沒有一切的功過，貪慾、進退、盈虧。王淮說：

修道之士，謹慎（擔心）自己之身體，就如謹慎（擔心）自己大患一樣。（老子探義）

身體雖爲大患之源，但是身體也是自然的一部份，所以要積極的貴身，而不是棄身或忘身，愛身也正是愛天下的表現，有了這樣的超脫，才能把天下寄託給他。這是道家以「自然」爲本位的理論基礎。

所以落實在政治上，則主張「無爲」；國防上，則主張「不爭」。這也是其「以正治國」之道。關於「無爲」與「不爭」之要義，以唐代王真《道德經論兵要義述》論之最詳，王真說：

無為之事，蓋欲潛運其功，陰施其德，使百姓日用而不知之……王者無為於喜怒，則刑賞不溢，金革不起；無為於求取，則賦斂不厚，供奉不繁。（天下皆知章第二）

為無為者，直是戒其君無為兵戰之事也。語曰：「舜何為哉？恭己南面而已！」（不尚賢章第三）

無為者，即是無為兵戰之事。兵戰之事，為害之深，欲愛其人，先去其害。（營魄抱一章第十）

王者知安人之道，必當先除其病，俾之無爭則戰可息矣，戰可息則兵自戢矣，是故其要在於不爭。

夫爭者，兵戰之源也；禍亂之本也。

歸納起來，王真認爲：「無爲」是指無爲於喜怒，無爲於求取，無爲於兵戰。事實上，古往今來兵戰的起因，也不外是喜怒與求取，所以只要政治上能做到「無爲」，則軍事上自然是可以「不爭」。

至於老子政治上的藍圖，則可以《老子‧第八十章》爲代表：

小國寡民，使有什伯之器而不用，使民重死而不遠徙。雖有舟輿，無所乘之；雖有甲兵，無所陳之。使民復結繩而用之。甘其食，美其服，安其居，樂其俗，鄰國相望，雞犬之聲相聞，民至老死，不相往來。

這在當時是反社會的，不但沒有實施的可能，更沒有生存的空間，特別是其主張「小國寡民」的社會制度。以現代戰略的眼光來看，小國寡民缺乏戰略反應的彈性空間，是大不利於國家安全的，在兵連禍結的春秋戰國，小國寡民何以自處？是大有疑問的。古今中外的小國寡民，其生存之道，亦唯加強備戰，也不是「雖有甲兵，無所陳之。」

不過老子對軍事學術最大的貢獻，是他提出了「以奇用兵」的主張。其所謂的「奇」，就是「謀略」的意思。後世兵家以老子爲權謀之祖，正因其「以奇用兵」的主張。

當戰爭中有了謀略的思考，就表示人類脫離了原始的野蠻械鬥，而謀略加諸於戰爭本體的限制，也表示出戰爭不致漫無目的的開展，而有了一個較爲理性的控制。

至於謀略思想的緣起，基本上是來自宇宙萬物「變化」的特質，如果宇宙萬物是一成不變的，那麼強者恆強，弱者恆弱，謀略制勝的思想根本就不需要，也不可能產生。《老子．二十三章》：

飄風不終朝，驟雨不終日，天地尚不能久，而況於人乎？

講的就是宇宙這種變動不居，屈伸無常的特質，有了這種現象作基礎，則弱可能變爲強，強也可能轉爲弱，謀略思想也才有發展的空間。

客觀的世界既然是變動不居的，那麼爲什麼會變動？動因是什麼？老子認爲：是來自事物內部對立而統一的力量所引起的作用。《老子．四十二章》：

道生一，一生二，二生三，三生萬物，萬物負陰而抱陽，沖氣以為和。

陰、陽就是對立力量的兩極，舉凡天地星辰的運轉、日月山河的行動、寒來暑往的更替……等等宇宙自然的法則，都是陰陽二氣相互作用的結果，這就是「萬物負陰而抱陽」的意義所在。

事實上，在《老子》一書中，這種客觀事物對立的現象，被大量的揭示，在五千多字的書中，所列舉的成雙成對的矛盾概念達六、七十個之多。如有無、多少、大小、長短、輕重、高下、左右、前後、正反、靜躁、剛柔、強弱、禍福、榮辱、智愚、巧拙、生死、勝敗、損益、得失、難易、美醜、善惡、攻守、進退、同異、虛實、治亂、古今、清濁、枉直、新敝、天地、主賓、厚薄、花實、盈竭、存亡、明昧、陰陽、親疏、利害、奇正、盈沖、成缺、辯訥、妖祥、抑舉、彼此、慈勇、儉廣、始終、德怨、貴賤、尊卑、牝牡、天人、開闔、結解、救棄、黑白、強羸、歙張、興廢、與奪、知行、行隨、昭昭昏昏、察察悶悶、有餘不足……等等。而這種對立力量的兩極，其間的關係，一是相互依存，二是相互轉化。

**【一】相互依存：〈因敵原則〉**

在《老子》的觀念中，客觀現象的對立，是經比較而存在的，其中蘊涵著濃厚的依存性（或相對性），也就是說任何一組的對立概念，都必須以對方的存在爲條件，若失去了對方，則本身就失去了對立的意義，這就是相互依存的關係。《老子・第二章》：

有無相生，難易相成，長短相形，高下相傾，音聲相和，前後相隨。

《老子・第十一章》

三十輻共一轂，當其無，有車之用；埏埴以為器，當其無，有器之用；鑿戶牖以為室，當其無，有室之用。故有之以為利，無之以為用。

這種依存關係，放在謀略的思考中，就形成「因敵原則」，謀略思考必須建立在假想敵或某些想定狀況的基礎上，《孫子兵法・虛實篇》：「能因敵之變化而取勝者，謂之神。」就是這個意思。如果沒有假想敵或想定狀況，也就不可能有謀略的存在。

【二】相互轉化：〈間接路線〉

所謂相互轉化，指的是事物在發展的過程中，受到某些條件的約制，其內部對立的兩極，會朝向原來相反的方向去變化，事實上，所謂對立的兩極，也個自包含有彼此的動因，《老子・第五十八章》：

禍兮，福之所倚；福兮，禍之所伏；孰知其正？其無正，正復為奇，善復為妖。

福中有禍的因子，禍中有福的因子，其餘正、奇；善、妖亦然。只要條件成熟，即可對立轉化，這種關係用在謀略的思考中，就足以解釋對立的雙方，強者不恆爲強，而弱者也不恆爲弱的道理，孫子說：「兵無常勢。」（虛實）就是這個意思。問題是在條件尚未成熟前，又將如何去引導對方的轉化？《老子・第三十六章》：

將欲歙之，必固張之；將欲弱之，必固強之；將欲廢之，必固興之；將欲奪之，必固與之。是謂微明。

這就是說，對方本是擴張的，欲加以收斂，並非直接收斂，而是使其更形擴張，以增進其對立轉化的速度，而達到收斂的效果，其他弱強，廢興，奪與的過程亦然。這在謀略思考中，孫子稱之爲「以迂爲直」（軍爭篇），李達哈特則稱之爲「間接路線」（戰略論）。

此外，老子也認爲精神因素往往是戰爭勝負的關鍵，他所說的精神因素是指「慈」和「哀」。《老子・第六十七章》：

慈故能勇：：夫慈，以戰則勝，以守則固。天將救之，以慈衛之。

《老子・第六十九章》：

禍莫大於輕敵，輕敵幾喪吾「寶」，故抗兵相加，哀者勝矣。

意思是說：聖人有仁慈之心，故能激勵士卒；聖人有仁慈之心，故不會輕易樹敵；聖人有仁慈之心，不以征戰爲樂，不得以而用之時，則長保哀戚之心，故可獲得勝利。可見老子認爲精神（無形）戰力亦爲戰爭勝負的關鍵之一。

歸納老子的軍事思想──「以正治國，以奇用兵」之意旨，其實是頗有矛盾的，以正治國，追求的是小國寡民；以奇用兵，追求的是權衡謀略。小國寡民是沒有力量的，沒有力量的國家，如何去施展謀略？萬一謀略不幸失敗了，國家又將如何？這些方面，老子都沒有交代，不能不說是一大遺憾！

### （三）墨家──兼愛非攻，敦親睦鄰。

在先秦的思想家中，墨子是唯一將社會問題當作主要問題來討論的人。這與他的出生背景有關，他出生於「賤民」階級。在當時的動盪環境中，無疑是受害最深的一群人。他的非禮、非樂、非儒、非攻、兼愛、節用、節葬等主張，所代表的也正是來自下層社會的聲音。

在墨子諸多主張中，與軍事有關的，一爲非攻，另一則爲兼愛。「非攻」就是「反侵略」，墨子認爲：戰爭不論誰勝誰負，社會與人民將是永遠的輸家。他所持的理由，大體是從社會經濟的角度切入，不過他並不反戰，他認爲：禹征有苗，湯伐桀，武王伐紂，「非所謂攻也，謂誅也。」（墨子‧非攻下）「誅」與「攻」之不同，是因爲前者是義戰，而後者不是。他非攻而不非誅，這樣的戰爭觀，大體與儒家思想相同的。不過，墨子思想最大的特色，在於他並不徒托空言，而是將思想主張化為具體的行動。事實上，墨子能在中國文化中取得一重要的地位，並不在其思想內容的深度及廣度，而正是這種摩頂放踵、力行不懈的犧牲精神。墨子生平，《史記》無傳，「止楚攻宋」一事，可作為他一生事功的代表。

「止楚攻宋」一事，除《墨子》一書有詳細的描述外，《尸子》、《戰國策》、《呂氏春秋》、《淮南子》、和《渚宮舊事》諸書，都有記載（註二），因此偽造的可能性並不高。這件事雖然發生時間已不可考，不過顯然是一件轟動當時「國際」的大新聞，所以流傳甚廣。依《墨子・公輸篇》記載，其過程大致如下：

公輸盤為楚造雲梯之械成，將以攻宋。子墨子聞之起於齊，行十日十夜而至於郢，【既以非攻之義說盤及楚王，而王不能忘情於雲梯，墨子於是見公輸盤。】子墨子解帶為城，以牒為械。公輸盤九設攻城之機變，子墨子九距之。公輸盤之攻械盡，子墨子之守圉有餘。公輸盤詘而曰：「吾知所以距子矣，吾不言。」子墨子曰：「吾知子之所以距我，吾不言。」楚王問其故，子墨子曰：「公輸子之意不過欲殺臣，殺臣，宋莫能守，可攻也。然臣之弟子禽滑釐等三百人，已持臣守圉之器，在宋城上而待楚寇矣！雖殺臣，不可能絕也。」楚王曰：「善哉！吾請勿攻宋矣。」

墨子「行十日十夜而至於郢」，且冒著生命的危險，只是為了勸止楚王攻宋，其間若沒有捨己救人，犧牲奉獻的偉大情操，又怎能辦到？這種精神，不僅可以感召一世，更可以垂教萬代！

另外，從墨子所說的「臣之弟子禽滑釐等三百人，已持臣守圉之器，在宋城上而待楚寇矣！」這段話看來，則「墨家」不僅是一個學派的名稱，更是一個有組織的武裝團體，在現存《墨子》中，有〈城守十一篇〉，分別是〈備城門〉、〈備高臨〉、〈備梯〉、〈備水〉、〈備突〉、〈備穴〉、〈備蛾傅〉、〈迎敵祠〉、〈旗幟〉、〈號令〉、〈雜守〉，均專講守戰之道，可看出這個團體不但擅長製造防禦性的武器，而且精於防禦戰術，這也正是墨家的特色。所以，墨子非攻而不非守，是一種「武裝的和平主義」（註三）。至於墨子「解帶爲城，以牒爲械。」也可發現墨子已經懂得使用「兵棋」來模擬戰爭，顯見當時軍事學術之發展，已有相當程度的規模（註四）。

墨子的另一主張是「兼愛」，所謂兼愛指的是一種沒有等差的愛，有別於儒家的等差之愛，儒家的倫理思想是建立在宗法制度之上，人際關係是有親疏遠近之別，所謂「親親之殺，尊賢之等，禮所生也。」（中庸）是也。而墨子反對宗法，主張以無等差之愛，來取代儒家的等差之愛。兼愛思想在倫理上的可行性，向來備受質疑，《莊子・天下篇》認爲：「反天下之心，天下不堪。」違背人性是主要的癥結。

不過，墨子用兼愛思想來分析戰爭的起因，卻頗爲符合現代戰略。墨子認爲：戰爭皆導因於人們不能「兼相愛」。

> 大夫各愛其家，不愛異家，故亂異家以利其家。諸侯各愛其國，不愛異國，故攻異國以利其國。天下之亂物，具此而已矣。察此何自起，皆起不相愛。（兼愛上）

因此爲求弭兵，而提倡兼愛。兼愛既是一種無等差之愛，那麼敵人也是人，對敵也應兼愛，所以兼愛思想推到極致就是「愛敵如己」，這是一種近乎宗教的情操。《墨子・兼愛上》：

> 視人國若己國，誰攻？故諸侯之相攻國者無有。若使天下兼相愛，國與國不攻，則天下治。

如此非攻才有意義。所以，大體說來，墨子是企圖以打破敵我界限的方式，來追求國際之間永久的和平，在現代戰略思想中，乃是屬於「國家安全戰略」的範圍，現代的國家安全戰略已經使用「相對安全」的觀念來取代過去「絕對安全」的觀念，其不同處即在於是否具備國際間互助合作，追求永久和平安全的共識。蓋國際交往，和平互惠，避免政治中的兩極對立，亦放棄以對方爲「假想敵國」，當爭端出現時，則積極以政治協商方式，尋求解決以邁向雙贏，是可以消弭戰爭的。

墨子另外一個重要的軍事主張，是集體安全的思想。《墨子・非攻下篇》：

夫天下處攻伐久矣……今若有能信效（相交）先利天下諸侯者，大國之不義也，則同憂之；大國之攻小國也，則同救之；小國城郭之不全也，必使修之，布粟之絕則委之，幣帛不足則供之；以此效大國，則大國之君說（悅）以此效小國，則小國之君說。人勞我逸則我甲兵強。寬以惠，緩以急，民必移。易攻伐以治我國，功必倍。量我師舉之費，以爭諸侯之斃，則可必得而序（厚）利焉。督以正，義其名，必務寬吾眾，信吾師。以此援諸侯之師，則天下無敵矣。

「大國之攻小國也，則同救之」這就是現代共同防禦的概念，現代共同防禦的概念，需要藉由形式的盟約才可能實現，而盟約的簽訂，則是外交運作的結果。正如《戰國策》所說：

安民之本，在於擇交，擇交而得則民安，擇交不得則民終身不得安。（趙策二）

不費斗糧，未煩一兵，未戰一士，未絕一弦，未折一矢，諸侯相親，賢于兄弟。（秦策一）

這是外交戰。這方面，墨子的理念與《戰國策》所說的「安民之本」，大體是一致的。不過墨子之意，似有不僅於此者，「小國城城郭之不全也，必使修之；布粟之絕則委之，幣帛不足則供之」，這已經是軍事與經濟合作的構想了，換言之，盟約的形式，可藉由軍事與經濟的合作來鞏固，那麼，反推而言，衝突的非軍事方式，是否也可藉由軍事與經濟的抵制或制裁來進行？雖然墨子並未明說，但這是符合其「非攻」理念的。

要言之，墨家軍事思想脈絡一貫，體系相聯，自戰略以至戰術思想，均粲然大備。然若尚有缺憾者，厥爲受限於其非攻戰略，所以整個戰術思想裡，欠缺攻擊理論，而處處顯得被動挨打，若是以維護國家安全爲著眼，則是相當不足的。我們知道，有時攻擊是最好的防禦，古今中外尚未有因善於防守而敵人來降的戰例，在戰場上，能摧敗廓清，安邦定國者，亦唯戰勝攻取一途，否則如何結束戰爭？這方面，墨家似帶有過於濃厚的理想色彩。

**（四）法家──嚴刑峻法，富國強兵。**

在先秦各家思想中，法家是唯一從國家集體主義觀點出發的學派。如果說道家的「小國寡民」是一種多國分離無政府的政治主張的話，那麼法家「尊君任勢」的主張，所追求的則是一個強勢大一統的理想國度。然而這樣的理想國度，春秋與戰國時期的法家，卻有著不同性質的解讀。

周制的崩解，是先秦諸子思想共同的文化背景。但是春秋與戰國時期，周制崩解的程度是不同的。在春秋時期，雖然「禮樂征伐自諸侯出」〈論語・季氏〉，大體周天子仍然是形式上最高的政治領袖。這個時期的法家如管仲，提出尊王攘夷的主張，勉強維繫了一個形式統一的國度。但是到了戰國時期，周天子連形式上政治領袖的地位，也不被尊重，周制已完全崩解，而且無法恢復，諸侯間的兵災戰禍更爲劇烈，而且完全沒有秩序或道義。這個時期的法家如韓非，則致力於結束這種混亂的世局，周天子既已不可靠，只得另找他國，先令其富國強兵，再以這個國家爲權力基地，向外擴張，以完成其統一宇內的大業。假如我們承認，從貴族的封建政治，到君國的專制政治，是中國歷史的一大躍進，那麼法家就是促使這一進步的最大功臣。可惜這樣的苦心悲情，並不被世人所理解，而譏之爲「作法自斃」。吳起被支解，商君遭車裂，韓非最後也被迫自殺，說明了法家在推動整個交替過程中的悲壯。

從近代的法律觀點言之，法律是國家遂行統治的工具，更是國家主權的象徵，法家既以君國主義爲出發點，則明刑任法，以臻至治，自然形成其思想學說的核心。然而法之所以爲法，必須兼顧時代性、統一性、公平性、標準性及成文法性，屏除私心情面，以建立社會的公平正義，相對於當時封建社會的階級法及習慣法，無疑是一大革命，而這對後世法治思想的確立，亦顯具啓迪之功，實未可遽如《史記》以「慘礉寡恩」視之；至於富國強兵，則是擴張國家主權（或維護國家主權）的工具，故言法者莫不言兵，終至軍國主義的盛行。

富強之道，首重「耕戰」。這是所有法家信徒的共同主張。不同的是，管子認爲：強國之道，在於富民，富民之道，農商並重；商韓則認爲：民富則不可用，貴農而賤商。此外，耕戰政策，需要嚴刑峻法的激勵，始能克竟全功，這也是其共同的主張。

所謂耕戰政策，依法家的構想，是要把全民都納入耕戰的團體，在太平無事的時候，百姓受到法令的激勵，努力耕戰，可以富國；一旦戰爭爆發，平日本就有組織的農民，立刻動員起來，進入戰鬥行列，是爲強兵。這就是韓非所說的：「無事則國富，有事則兵強。」（韓非子・五蠹）「有難則用其死，安平則用其力。」（韓非子・六反）這是法家建立力量的核心觀念，在這個觀念下，人民的一切生活，都是爲了要達到國家富強的目標，也是唯一價值，所以一切與國家富強無關的仁義道德，文學藝術，工商貿易等事項，在這樣的思想體系下，盡被斥爲「蠹」、「蝨」。此外，法家也反對封建，主張人們社會地位的高低，應由自己的努力來決定，具體而言，即是崇尙首功，因而促成了社會科層體系的流動，賦予人們無限向上的動因，而釋放出整個社會的活力，就動員體制而言，這也幾乎是近代「總體戰爭」思想（註五）的具體實現。因此，在實施法家制度的秦國，可以在極短的時間內，迅速的強大起來。

這是典型農業社會的極權思想，但是對於力量的認知則不免過於狹隘，商鞅與韓非的「反商」及「反智」情結，說明了其國力認知的偏枯。商鞅說：

> 欲農富其國者，境內之食必貴，而不農之徵必多，市利之租必重，則民不得無田。無田不得不易其食，食貴則田者利，田者利則事者眾。食貴糴食不利，而又加重徵，則民不得無去其商賈技巧而事地利矣。故民之力盡在於地利矣。（內外）

這是主張貴粟以勉農，重稅以苦商，不僅如此，商鞅對於一切可能妨礙農耕的事物，一概在反對之列。所以說：

農戰之民千人，而有詩書辯慧者一人焉，千人皆怠於農戰矣；農戰之民百人，而有技藝者一人焉，百人皆怠於農戰矣。（農戰）

至於韓非則對於「學者、言者、帶劍者、患御者、商工之民」統稱之爲五蠹之民，概在剷除之列，否則「海內雖有破亡之國，削滅之朝，亦勿怪矣！」（五蠹）。問題是這樣的國力分佈，嚴重失衡。糧食確是戰略物資，也是國力必具的要素，但國力絕不只是糧食而已，作戰也不是光靠糧食充足就可以獲勝的。孟子以「勞心勞力」的性向分類，從根本匡正許行的君民並耕之說（註六），而賦予社會一定的機制功能，使社會的合作成爲可能，這是多元價值的前提，也是人本思想的基礎。從這方面來看，法家的弊端，是在於無法建構一個均衡的社會價值體系，一旦天下底定，戰爭的因素消失後，竟不知何去何從？所以對法家而言，最困難的是先要找到一個敵人，才可能據以發展其思想體系，而當敵人統統消滅後，也正是其思想體系的土崩瓦解時，賈誼在〈過秦論〉一文中總結的說：「仁義不施，而攻守之勢異也。」真是一針見血之論。

耕戰思想把全民結合成一個戰鬥團體，反智情結又令這個戰鬥體失去了反省的能力。所以「爲誰而戰？」「爲何而戰？」在法家政體下的軍民是不需要知道的，「是否義戰？」「是否宜戰？」更是無權過問！一切只需要奉法勵行即可，完全否定了人的思想及創造力，商鞅甚至說：

若其政出廟算者，將賢亦勝，將不如亦勝。（戰法）

連軍事指揮官也不例外。如此一來，則國家由少數精英來掌握，國家利益自然也只是代表少數精英的利益。而且仁義爲蠹蝨，《商君・弱民》：

兵行敵之所以不敢行強，事興敵之所羞為。

《韓非子・心度》：

今日之勝，在詐於敵；詐敵，萬事之利也。

像這樣要求拋棄道德標準，以求出敵意表，而所得的勝利，是否即是永久的勝利呢？是頗值商榷的。在法家看來，追求勝利是可以不擇手段的，「人」只不過是戰爭的工具罷了！

## 五、孫子的生平及其兵學潮流：

### （一）生平：

孫子的事跡到現在爲止還是個「謎」樣的人物。《史記》列傳第五有〈孫武列傳〉，詳述孫武獻兵法於吳王闔廬，且試宮女，斬吳姬的事跡，乃至西破強楚，北威齊晉，孫子均有參與，其生平似乎是無可爭議才是，但是，孫武名不見《左傳》，而遍查先秦典籍，雖亦有孫吳並稱的說法（註七），但並無「試宮女，斬吳姬」如此傳奇事跡的紀錄，造成了後人對於孫子生平的懷疑，質疑《史記》的依據外，甚至認定《孫子兵法》爲僞書（註八）。直到一九七二年四月，中共在大陸山東省臨沂縣銀雀山兩處西漢古墓中，出土了《竹簡孫武兵法》二百餘片和《竹簡孫臏兵法》三百八十餘片，整個孫子其人其書的爭論，才告結束。

（二）兵學潮流與限制因素：

歷來研究孫子者，概可分爲兩大派，一爲學術派；一爲實用派。學術派多爲爲文人，文人解釋孫子，多從義理訓詁的門徑入手，著重其思想精義的闡發；實用派多爲軍人，軍人研究孫子，又多從戰略戰術的角度入門，偏重在實際作戰的運用。兩派皆各得一偏而難以概全，且優劣互補。例如：文人兵法解釋義理固然明白，但由於缺乏軍隊的歷練，自不免隔靴搔癢，紙上談兵，流於迂闊而無用；而軍人兵法實戰運用固然方便，可惜對文意瞭解不夠，以致往往牽強附會，望文生義，結果又常因誤解而錯用。筆者以爲文武兩派兵法應合而爲一，始可見其全體大用。所以本書在研究方法上，先吸取文人派對孫子義理的解釋，力求恢復孫子思想的原意，並分析比較其與當時思想家的相通與相異之處，再引證現代戰略思想，以闡述現其超邁千古，光輝日新的思想精華。

不過，《孫子兵法》在研究上，也有若干的限制：

首先，《孫子兵法》爲先秦之書，韓非說：「境內皆言兵，藏孫吳之書者家有之。」（韓非子・五蠹）原爲家戶必藏的書籍，不幸秦火一焚，典籍零落，加以孫子書爲兵書，禁有必嚴，漢文帝雖廣開獻書之路，但缺漏難免，這是第一個限制。

其次，在曹操前，珍藏《孫子兵法》者，大都祕其書，不肯註以傳世，以致流通傳抄，造成錯誤，甚且古人托古改制，其中逕以己意入文者，恐亦難盡免，所以今之《孫子》，是否即是古之《孫子》，是大有疑問的。一九七二年大陸臨沂漢墓出土《竹簡孫武兵法》約二百餘簡，其中被解讀出二千三百餘字，另有《逸文》五篇，約六百字，據大陸學者詹立波的研究，竹簡本《孫武兵法》與宋本《孫武兵法》約有一百餘處之不同，而其中涉及文意者，更有三處之多（註九），杜牧懷疑孫子書曾遭魏武帝刪削（註十），當非空穴來風，所以孫子書中，真僞互見，這是第二個限制。

再其次，孫子書爲文言體，字簡言賅，有時義理過於抽象簡略，加上先秦少有定義觀念，「同詞異義」或「同義異詞」的情形，屢見不鮮，《孫子兵法》亦不例外，孫子書中雖亦有定義，但卻以列舉方式爲之，不夠嚴謹；另孫子喜以「形象比喻法」類比繁複的概念，亦不利於概念之探討，這是第三個限制。

**（三）文獻流通：**

自曹操註傳孫子後，世傳《孫子》者，概可分爲兩大系統。，一爲《十一家註》本；另一爲《武經七書》本。兩大系統之間，文字略有差異，篇目亦有不同，彼此互有長短，註釋見解，亦各不相同。

所謂十一家是指：

魏　曹操。

梁　孟氏。

唐　李筌、杜佑、杜牧、陳皞、賈林。

宋　梅堯臣、王皙、何延錫、張預。

《十一家註》原稱《十家會註》，爲宋朝吉天保所集，見《宋史．藝文志》。十家與十一家差在杜佑一人，杜佑其實未註孫子，其文即《通典》也，後人輯而爲一，故成此十一家。《十一家註》版本眾多，本文引用概以清孫星衍《校刊本》爲主。十一家除曹操與李筌外，均無軍事背景，是屬文人兵法。

至於《武經七書》是指：《孫子》、《吳子》、《司馬法》、《李衛公問對》、《尉繚子》、《三略》、《六韜》等七部兵書的合稱。宋神宗元豐三年（公元一０八一年）命國子監司業朱服等校定，作爲武舉考試的教科書，明劉寅著有《武經七書直解》，是歷代習兵者必讀之書，劉寅爲明太祖洪武年間進士，《明史》無傳，生平不詳。惟其所註兵法，首重實用，少作字句之訓詁，是屬軍人兵法。

兩大系統據楊家駱《孫子集校》（註十一）校對，出入多至六、七十處，其中重要的也有三、四十處。本書引用《孫子》原文部分，大體依楊家駱之校對，註解則博採兩大系統之長，再參酌現代軍事思想，取精用宏，以彰顯孫子思想之精義。

## 附　註：

註一：見《戰略研究與戰略思想》　鈕先鍾著　軍事譯粹社七七年十月十日初版。

註二：見《戰國策．宋策》、《呂氏春秋．愛類篇》、《淮南子．修務訓》、《尸子》見《藝文類聚》及《太平御覽》引。

註三：見《中國軍事思想史》第五二頁　魏汝霖·劉仲平合著　黎明書局六八年六月修訂再版

註四：見《中國戰略思想史》第一五三頁　鈕先鍾著　黎明書局八一年十月初版

註五：「總體戰爭」乃是近代德國所提出的軍事思想。依克勞塞維茲（一七八〇—一八三〇）《戰爭論》的說法：戰爭為政治的延長，是貫徹政治目的手段，換言之，作戰、戰爭與政治，是一個整體。另外，魯登道夫（一八六五—一九三七）在《總體性的戰爭》一書則認為：戰爭乃一基本之社會現象，一旦發生戰爭，政治、經濟、文化，均為從事戰爭的必要手段。兩者雖然對於戰爭是目的或是手段的見解不同，但認為戰爭非一單純的軍事事務的見解，則是一致的，這即是「總體戰爭」的意涵。事實上，工業革命後，生產技術大幅躍升的結果，使得兵器在使用上，已難有前方、後方或軍事、非軍事之分；此外，動員徵兵制度的實施，也使人們無法自外於戰爭。這些都是「總體戰爭」得以實現的必要條件。

註六：見《孟子·滕文公篇》

註七：先秦古籍中，提及孫子者有《荀子》、《國語》、《韓非子》、《吳越春秋》、《越絕書》等五書。

註八：見《中華戰史研究協會戰史彙刊創刊號》　劉仲平著〈孫子兵法一書的作者〉

註九：見《文物》月刊一九七四年十二月期　詹立波著〈略談臨沂漢墓竹簡《孫子兵法》〉一文。

註十：見杜牧《樊川文集》卷十〈註孫子序〉、卷十二〈上周相公書〉。

註十一：見《宋本十一家注孫子》 魏曹操等註 《中國學術名著第五輯・思想名著第一編第六冊》 楊家駱主編 世界書局印行

# 第二篇　十三篇釋義

## 始計第一：

### 一、原文：

孫子曰：兵者，國之大事。死生之地、存亡之道，不可不察也。

故經之以五事，校之以計，而索其情：一曰道、二曰天、三曰地、四曰將、五曰法。道者：令民與上同意，可與之死、可與之生而不畏危也。天者：陰陽、寒暑、時制也。地者：遠近、險易、廣狹、死生也。將者：智、信、仁、勇、嚴也。法者：曲制、官道、主用也。凡此五者，將莫不聞，知之者勝，不知者不勝。故校之以計，而索其情。曰：主孰有道？將孰有能？天地孰得？法令孰行？兵眾孰強？士卒孰練？賞罰孰明？吾以此知勝負矣！

將聽吾計，用之必勝，留之；將不聽吾計，用之必敗，去之。

計利以聽，乃為之勢，以佐其外。勢者，因利而制權也。

兵者，詭道也。故能而示之不能，用而示之不用，近而示之遠，遠而示之近。利而誘之，亂而取之，實而備之，強而避之，怒而撓之，卑而驕之，佚而勞之，親而離之，攻其無備，出其不意，此兵家之勝，不可先傳也。

夫未戰而廟算勝者，得算多也。未戰而廟算不勝者，得算少也。多算勝，少算不勝，而況無算乎！吾以此觀之，勝負見矣。

## 二、語譯：

### 第一篇 始計篇

孫子說：兵事是國家大事，乃決定國家爲死或生之境地，存或亡之要道，千萬不可以不詳察謹慎。

所以應該用「五事」來加以經營，並透過調查、比較和分析，而探索其真實的情狀；一是道，二是天，三是地，四是將，五是法。

所謂道：是讓全民與執政者能同一意志，則不論生或死，皆可以毫不畏懼。所謂天：是指每日晝夜的變化、每年氣候的變化及各種節氣下的特殊氣候等天象。所謂地：是指相對位置的遠或近、相對地貌的險峻或平坦、相對地形的寬廣或狹長及進出該地的艱難或容易等事項。所謂將：應涵養智慧、信用、仁慈、勇敢、嚴肅等五項操守。所謂法：是指部隊的組織和編制、百官的職掌與權責、戰爭的度用和軍需等事項。這「五事」，身爲將者，沒有不聽過的，能知曉者就能獲勝，不能知曉者則不能獲勝。

另外透過調查、比較和分析，以探索其真實的情狀，是指：雙方領導者，誰較能凝聚全民的向心？雙方將領，誰較有才能？雙方用兵，誰較能掌握天時和地利？雙方施政，誰較能貫徹法令？雙方兵眾，誰的軍容士氣較爲強盛？雙方士卒，誰的訓練較爲精良？雙方執法，誰的賞罰較爲嚴明？我用以上這些指標來觀察，就可以知道戰爭的勝負了！

大王若聽從我的計策，則用戰必勝，我將留在此地；大王若不聽從我的計策，則用戰必敗，我將離開此地。

若我計算國家利益的謀略，能獲得大王的採納，接著我將結合內外情勢，來爲整個謀略佈局造勢。佈局造勢的指導原則是依據國家利益以製訂各種隨機應變的權宜措施。

兵事是詭詐之道。所以有能力，須假裝沒有能力；想要用兵，須假裝不想用兵；想要進軍近處，須假裝要從遠處進軍；想要進軍遠處，須假裝要從近處進軍。用利益來引誘敵人；乘亂來攻取敵人；發現敵人力量精實，我須加強戒備；發現敵人力量強大，我須暫且迴避，不可輕舉妄動；當敵人同仇敵愾，士氣凌銳時，我能設法使其曲撓；當敵人謙卑時，我能設法使其驕傲；當敵人安逸休養時，我能設法使其奔命勞苦；當敵人相互親密合作時，我能設法離間而使其分崩離析。攻擊敵人沒有防備的地方；出兵在敵人意料之外的時機。這是兵家所以致勝的道理，而無法預先加以傳授。

大凡未開戰以前，經由廟堂之上的評估而能獲勝的，實際上獲得勝利的可能性會愈大。未開戰以前，經由廟堂之上的評估而不能獲勝的，實際上獲得勝利的可能性會愈小。評估得愈精密，則勝利的公算愈大，評估得愈不精密，則勝利的公算愈小，何況是完全沒有評估！我用這個觀念來觀察，就可以知道戰爭的勝負了。

## 三、釋義：

### 始計第一（註一）：

孫子曰：兵者，國之大事（註二），死生之地、存亡之道，不可不察也（註三）。

註一：**本篇題旨爲：「計劃原理與評估」**

計劃之基本理念爲「多算勝，少算不勝。」蓋軍國大計應於初始之際，就有一貫而完整之計劃，管子所謂：「計先定於內，然後兵出於境。」是爲「始計」；計劃原理在建立力量層面爲：「經之以五事，校之以計」以下之「五事七計」，至於運用力量層面，即「能而示之不能」以下十四項。總「建立」與「運用」兩大層次而形成孫子完整的謀略思想（參閱〈軍形〉、〈兵勢〉兩篇）。

註二：《左傳》說：「國之大事，在祀與戎。」

註三：察有二義：一爲謹愼，一爲防備。

《司馬法》云:「國雖強，好戰必亡;天下雖安，忘戰必危。」是也。蓋戰爭為國家民族生死存亡所繫之大事，故不可不修於平時，謹於戰前，而勇於戰時也。

故經之以五事，校之以計(註四)而索其情:一曰道、二曰天、三曰地、四曰將、五曰法。

道者:令民與上同意，可與之死、可與之生而不畏危也(註五)。

天者:陰陽、寒暑、時制也(註六)。

地者:遠近、險易、廣狹、死生也(註七)。

將者:智、信、仁、勇、嚴也(註八)。

法者:曲制、官道、主用也(註九)。

凡此五者，將莫不聞，知之者勝，不知者不勝。

註四:校是衡量;計是計算。意謂經調查、統計、比較敵我國力之數量，以詳索彼此強弱之情勢。

註五:道在先秦思想中，是指宇宙的本體，是「形而上」的命題。落實在政治及戰爭的層面，指的是「民心的向背」，具體的說，則為施政措施的良窳及外交聯盟的離合。

「令民與上同意」是指凝聚國事共識，這與平時的政治良善與否有密切關係，孫子稱之為「勝敗之政」（詳閱〈軍形第四〉註十五）。孟子曰：「仁者無敵」（孟子・梁惠王篇）荀子曰：「凡用兵供戰之本，本乎一民。」（荀子・議兵篇）皆是此意。

註六：天指天時氣候與一切自然現象。

陰陽：是指晝、夜、朝、暮、晦、明之變化。

寒暑：是指春、夏、秋、冬四季季節之更替。

時制：是指時節的風、雨、雲、霧、霜、雪等氣候特徵之變遷。

註七：地指軍略地理。

遠近：指距離的遠或近。

險易：指地貌的奇險或平坦。

廣狹：指地形面積的大或小，形狀的寬廣或狹長。

死生：指交通運輸的方不方便。四通八達，交通便利之地爲「生地」；崎嶇阻隔，無法通行之地爲「死地」。

「地」在孫子思想體系中，列入「五事」之一，是一切作戰計劃的起點（〈軍形篇〉說：「地生度」），是孫子預判戰爭勝負的標準之一，也是孫子準備戰爭的項目之一，其重要性可知。事實上，孫子兵法十三篇中，有〈九變〉、〈行軍〉、〈地形〉、〈九地〉四篇，是以地形研究為主，佔去孫子兵法約百分之三十的篇幅，可見孫子重視用地之一斑。究其內容層次，更涵蓋了戰爭的各階層，有物理的，有心理的，有戰術的，同時更把地形運用延伸到戰略的層次來思考。

以近代「戰爭指導」的理論來分析，預判未來可能接戰的戰場在那裡？並作為建軍與用兵的準據，稱為「軍略地理」。是備戰指導的重要程序之一，可見孫子的地形研究亦符合現代戰略的潮流。〈虛實篇〉：

> 知戰之地，知戰之日，則可千里而會戰。

是為孫子預判接戰地域的明證，若配合其五事七計與詭道十四項，通盤考量，才足以完整呈現其建軍與用兵的思想。〈地形篇〉：

> 夫地形者，兵之助也。料敵致勝，計險阨遠近，上將之道也。知此而用戰者必勝，不知此而用戰者必敗。

這段話可視為孫子用地原則的總綱領，可惜歷來註家的解釋，都偏於戰術的地形運用，如：

杜牧註：

饋用之費，人馬之力，攻守之便，皆在險阨遠近也。言若能料此以制敵，乃為將臻極之道。

王皙註：

料敵窮極之情，險阨遠近之利害，此兵道也。

張預註：

既能料敵虛實強弱之情，又能度地險阨遠近之形，本末皆知，為將之道畢矣。

李啓明說：

地形是用兵的輔助，能料敵制勝，因應地形的險阨遠近而運用之，乃是上將用兵之道。

丁肇強在《軍事戰略》一書中，也以戰略的三要素—力、空、時來解釋其意義，丁肇強說：

「料敵」是判斷敵方的兵力和可能行動。「制勝」是針對敵方的兵力和可能行動，決定如何運用我方兵力的行動方案，以擊敗或擊滅敵軍，這完全屬於「兵力」判斷和運用的問題。至於「計險阨」，則是研判地理形勢的險要和阻塞的所在，以及其構成障礙的程度，從而瞭解何處可以節約兵力，何處便於發揮統合戰力，乃至何處可以伏擊敵方等等，這完全屬於「空間」的問題。至於「計遠近」，則是根據敵我雙方目前兵力位置的距離遠近，計算出可能接觸的時間，根據敵我雙方後續兵團的位置和其距離戰場的遠近，計算出敵我雙方如果使用後續兵團，最快何時可以到達戰場？等等，這完全屬於「時間」的問題。

以上的論點，以現今劃分的戰略層次來看，是屬於「野戰戰略」的論點。但是若欲據此以彰顯孫子的用地思想或軍略地理的全體大用，則是相當不足的。其實饋用之費，人馬之力，若只是臨時利用地形的險阨遠近，以全其攻守之便，不過是消極的應變，很可能有人馬之力不足以利用地形險阨遠近的情形發生；但若是平時就已根據戰場的兵要地理，合理編制饋用之費與人馬之力，以成攻守之計，才是積極的備戰，《國軍軍事思想》將「地略形勢」納入建軍的基礎因素之一，正出於地形的積極利用。此外，地理因素也深刻刻劃著國家政治力、經濟力、軍事力及心理力的走向，也並不全然只有作戰的意義。所以鈕先鍾教授將「地理」列爲戰略思想的背景因素之一，是有其宏觀視野的（見《中國戰略思想史》）。

有關孫子地形的分類，即〈行軍篇〉所分的四種：

山上、水上、斥澤、平陸。

這是屬於軍種戰略的分類，有利於專業建軍的政策規劃；至於軍事地理的判斷，應回到〈地形篇〉的六形，即：

通形、挂形、支形、隘形、險形、遠形。

及〈九地篇〉的九地，即：

散地、輕地、爭地、交地、衢地、重地、圮地、圍地、死地。

雖然在運用上，六形是屬於兵要的戰術層次；九地是屬於地緣戰略的層次。但是就建軍而言，都是備戰指導中所不可或缺的一環，統統屬於國家戰略的層次。

註八：將指將領的培訓與選用。古人說：「兵隨將轉」又說：「強將手下無弱兵」所以練兵必先練將。

智：智是智慧之意。爲將必先有操危慮患的先知，才能造成應形無窮的智謀，梅堯臣說：「智能發謀。」杜牧說：「智者能機權，識變通也。」所以智是謀的先決條件，軍爭而能示形，才是智將的表現。

信：信是信諾之意。爲將必先言而有信，才能令出如山。梅堯臣說：「信能賞罰。」杜牧說：「信者使人不惑於刑賞也。」可見信是法的先決條件，無信之法，難以服眾，所以建立全軍官兵對法的信賴，才是信將的表現。

仁：仁是仁慈之意。仁者愛人，慈故能勇。梅堯臣說：「仁能附眾。」王晳說：「仁者惠撫惻隱，得人心也。」唯有仁者才可號召四方的豪傑，並迎接天下人心的歸向，孟子說：「仁者無敵。」天下都歸向他了，又怎會有敵人？

勇：勇是勇敢，兼有勇氣與果敢之意。戰場乃死生與危疑之地，保有堅定的意志與冷靜的思維，才有獲勝之可能，杜牧說：「勇者決勝乘勢，不逡巡也。」王皙說：「勇者徇義不懼，能果毅也。」所以在動盪中而能鎮靜，在危險中而能從容，並能愈挫愈勇，百折不回，才是勇將的表現。

嚴：嚴是嚴肅，兼有嚴以律己與嚴以肅眾之意。律己更是肅眾的前提。蓋軍隊乃是一組成份子複雜的戰鬥體，若將懦不嚴，吏卒無常則亂。梅堯臣說：「嚴能立威。」杜牧說：「嚴者以威刑肅三軍也。」然就執法而言，則須先信而後嚴，無信之嚴，失之殘暴。有嚴肅的軍紀，才能有不動如山的軍隊，這是嚴將的表現。

註九：法指法令及制度。

曲制：指軍隊的組織和編制。杜牧註：「曲者，部曲、隊伍有分畫也；制者，金鼓、旌旗有節制也。」

官道：是百官之職分。杜牧註：「官者，偏、裨、校、列各有官司也；道者，營、陳、開、闔各有道徑也。」

主用：主是掌管，用是度用。即後勤軍需之管理運用，類似於今日的「主計」。杜牧註：「主者，管庫廝養職守，主張其事也；用者，車馬器械，三軍須用之物也。荀卿曰：『械用有數。夫兵者，以食爲本，須先計糧道，然後興師。』」

統括而言，即泛指軍隊中的各項編制，組織，職掌，乃至於一般後勤軍需的作業規定，均應以法令訂定之。近人陳啓天更推擴而爲「治國及治軍之法制」，其說甚是，茲述之如後：

法，謂法制，或法治。治軍須有法制，治國尤須有法制，建立治國及治軍之法制，為戰爭準備之一大。故《商君書》之〈本篇〉云：「凡用兵勝有三等，兵未起而錯法，錯法而俗成，俗成而用具。此三者必行於境內，而後兵可出也。」法制須於未戰前建立者甚多，而其最要者為曲制官道主用之建立。曲制，猶今言軍制。《管子・七法篇》云：「曲制時舉，不失天時，無壙地利。」古兵制寓兵於農，故須依農時教練之。《周禮》所謂中春教振旅，中夏教茇舍，中秋教治兵，中冬教大閱是也。其制分劃曲折，故謂之曲制。或曰：古稱軍旅為部曲，故謂軍制為曲制。官道，猶今言官制，兼指武官制與文官制。主用，主，掌理也；用，兼言財用與器用，自國家財政制度，軍械制度，皆主用之制也。（孫子兵法校釋）

故校之以計，而索其情，曰：

主孰有道（註十）？

將孰有能（註十一）？

天地孰得（註十二）？

法令孰行（註十三）？

兵眾孰強？

士卒孰練（註十四）？

賞罰孰明？

吾以此知勝負矣！

註十：雙方領導者誰較能掌握民心的向背？

例證：湯武革命，武王伐紂，順乎天而應乎人。「東面而征西狄怨，南面而征北狄怨，曰：『奚何後我？』」（孟子語），故能克竟全功。

註十一：雙方的主將誰較有才能？

例證：白起與趙括；孫臏與龐涓；孔明與孟獲等均是。

註十二：誰較能掌握天時和地利？

例證：元朝兩伐日本皆遇颱風而失敗，是不知天時；西元前二一七年，羅馬軍與迦太基軍戰於塔西米尼湖，羅馬軍因未預作地形偵查，不諳戰場地形而大敗，是不知地利。

註十三：誰的法令制度更爲貫徹？孫子「法」的意義有兩層，一是法制之法（詳註九）；另一則爲賞罰之法。

陳繼安、王淮平在所合著的《作戰與心理》一書中認爲：集團的規範和準則，對集團的鞏固並激勵成員的積極行動，具有以下四種重要的功能：

（一）支柱功能：

尤其是戰場上，集體規範和準則越是完整，成員之間的共同目標就越明確，關係就越緊密，行動就越一致，從而就會促使這個集體士氣更加高漲。

（二）評價功能：

規範和準則給予人們一把衡量是非、善惡、美醜的尺子，每個人在戰鬥中的行爲，都可用這把尺子進行自我衡量，從而明確方向，激勵鬥志。

（三）動力功能：

有了衡量是非、善惡、美醜的標準，就具備了形成集體輿論的心理基礎，從而在戰鬥中產生影響成員行爲的巨大力量。這樣，一切符合規範和推測的行爲就會在集體內得到贊揚和支持，形成一種鼓舞人們積極向上，奮發向前的動力。

（四）導向功能：

由於規範和準則在某種意義上說，對人們的行爲方式和活動範圍進行了規定和限制，從而對集體起著引導方向的作用。，例如在戰鬥中對英雄人物的宣傳，就可以喚起集體內所有成員向英雄學習，這實際上就給集體成員指明了方向。

註十四：雙方的士卒和兵眾，誰的訓練較爲精良？

例證：明代戚繼光練兵，常令士卒於大雨中肅立數小時，而皆能不動如山，故能擊敗倭寇。麥克阿瑟說：「給部屬最大的福利，就是給他最嚴格的訓練。」

**將聽吾計，用之必勝，留之；將不聽吾計，用之必敗，去之（註十五）。**

註十五：梅堯臣曰：「武以《十三篇》干吳王闔閭，故首篇以此辭動之。謂王將聽我計而用戰必勝，我當留此也；王將不聽我計而用戰必敗，我當去此也；」

**計利以聽，乃為之勢（註十六），以佐其外。勢者，因利而制權也（註十七）。**

註十六：部署不敗的局勢（詳閱〈兵勢第五〉註一）。

註十七：依據國家利益而製訂各種隨機應變的權宜措施。

權，《說文解字》：「一曰反常。」段玉裁註：「《論語》曰：『可與立，未可以權。』《孟子》曰：『執中無權，猶執一也。』《公羊傳》：『權者何？權者反於經，然後有善者也。』」另程頤註《論語・子罕篇》：「未可與權。」的解釋是：「權，稱錘也。所以稱物而知輕重者也。可與權，謂能權

輕重，使合義也。」（四書集註）

歸納以上的解釋，權爲「權宜」之義，必須隨著客觀形勢的變化，而不斷調整作法，以符時宜。正如稱錘依物體的重量，而調整至恰當位置一樣，謂之「制權」。國家依利益而制訂其最佳策略，是謂「因利而制權」。

至於何謂國家利益？不外是領土主權的貫徹與全民福祉的保障。通常兩者爲互補，但也可能衝突。一個擴張性的領土主張，可能可以增進全民的福祉，也可能將全民福祇置於毀滅的邊緣；相反的，一個萎縮性的領土主張，可能可以保全全民福祉，也可能導致外敵兼併，更無全民福祉之可言，因此如何正確的制權，是政治家最嚴峻的考驗。

兵者，詭道也（註十八）。

故能而示之不能（註十九），用而示之不用（註二十），近而示之遠，遠而示之近（註二一）。利而誘之（註二二），亂而取之（註二三），實而備之，強而避之（註二四），怒而撓之（註二五），卑而驕之（註二六），佚而勞之（註二七），親而離之（註二八），攻其無備，出其不意（註二九），此兵家之勝，不可先傳也（註三十）。

註十八：詭譎之道。

例證：春秋時期（魯僖公廿二年，公元前六三八年），宋襄公與楚成王戰於泓水。宋大司馬子魚請擊楚軍於未既濟、未成列之時，襄公不准，至楚軍陣而後擊之，宋師敗績。襄公曰：「君子不重傷，不禽二毛，古之爲軍也，不以阻隘也，寡人雖亡國之餘，不鼓不成列。」此爲襄公不諳兵爲詭譎之道而落敗。

註十九：我有能力，故意僞裝示弱，致使敵人喪失警覺。

例證：清末，袁世凱在遭到罷黜，開回原籍療養後，自稱「洹上老人」，到處遊山玩水，故意裝出與世無爭的樣子，以躲避清廷的耳目，暗中卻注意政局發展，以謀再起。

註二十：我有犯敵意圖，故意喬裝示好，使敵以爲無患。

例證1：春秋時期，鄭武公伐胡，不惜先遣公主合親並斬主張伐胡之大臣，以鬆懈胡人之戒備而一舉攻滅之。

例證2：一次大戰爆發前，（公元一九一四年）德皇以到基爾避暑，掩飾其企圖。

註二一：我欲攻擊甲地，故意誤導，讓敵人以爲我要攻擊乙地，造成敵人全力固守乙地，甲地反而疏忽守備。

例證：二次大戰（公元一九四四年）時，盟軍於諾曼第登陸前，用計於士兵的屍體上放置假文件，使德軍誤以爲盟軍將於法國北部平原或加萊地區登陸，反而疏忽了對諾曼第的警戒。

註二二：誘之以利。

例證：蒙古軍第二次東征（公元一二四一年）時，兵臨匈牙利布達佩斯城下，使用慣用的誘敵戰術，突然東撤，匈牙利軍誤以爲蒙古軍膽怯而退，乃渡多瑙河，尾隨出擊，由於輕率冒進，走了四天後，在沙約河畔，遭到蒙古軍的預設襲擊，全軍覆沒。

註二三：乘亂攻取。

例證：秦、晉淝水之戰，謝玄乘秦軍引兵後退，移動混亂之際，渡江急襲，一時秦軍心慌意亂，但聞風聲鶴唳，草木皆兵，兵敗如山倒，晉軍大獲全勝。

註二四：敵人實力強大，我暫居弱勢時，應暫避其鋒，以謀再舉，切忌逞匹夫之勇，以己之虛，攻彼之實。

例證1：二次大戰（公元一九四0年）時，英國遠征軍遭德軍壓迫於敦克爾克附近，在衡量情勢不利後，毅然以大撤退脫離戰場，而保全了大部主力。

例證2：《水滸傳》中，「浪裏白條」張順精通水性而「黑旋風」李逵不通水性。有一次，李逵被張順誘至水中搏鬥，李逵在水中被嗆得直翻白眼，空有一身武藝，卻無法發揮。

註二五：敵人具有同仇之怒的士氣時，應設法挫其銳氣。

例證：清咸豐四年（公元一八五四年）八月，湘軍諸將水陸並進，攻太平軍翼王石達開於九江、湖口，石達開衡情度勢，以爲湘軍乘勝而來，士氣凌銳，不可立與交戰，乃決定築壘堅守，待機而動。石達開白天令一部士兵抗擊湘軍，入夜則另派一部沿江吶喊，並不斷向江上湘軍船艦投擲火球，以致湘軍晝夜不安，疲憊不已而急於求戰，此時石達開再以誘兵佯敗，將湘軍誘至鄱陽湖中，分割包圍，各個擊破。

註二六：敵人態度謙卑時，應刻意奉承，以養其驕氣。

例證：秦末，匈奴冒頓單于初登位，當時東胡甚強，派人來要千里馬，群臣皆曰：「千里馬乃國之寶，不可與人。」冒頓曰：「與人爲鄰，何愛一馬乎？」予之。不久，東胡又派人來要單于之閼氏（音一ㄢ ㄓ即皇后之意），群臣大怒，請擊之，冒頓又曰：「與人爲鄰，何愛一女子乎？」又予之。又不久，東胡又派人來要地，冒頓問群臣如何？對曰：「予亦可！不予亦可！」冒頓怒而斬之，曰：「土地，乃國之根本，豈可送與他人！」遂憤而上馬，急襲東胡，東胡輕敵無備，擊滅之。並乘威西擊月氏；南併樓煩、白羊、河南；北侵燕、代，將蒙恬所奪之地均收回。

註二七：敵人安靜休養時，應襲擾之，使其疲於奔命。

例證：唐玄宗天寶十五年（肅宗至德元年，公元七五六年），郭子儀討伐史思明，與之對峙於恆陽。

子儀用擾敵之法：賊來則守，賊去則追，白天擊鼓鳴金，夜晚偷襲賊營，使賊兵日夜不得休息，如此數日後，再攻擊於嘉山，大破之。

註二八：敵人上下團結，同舟一命時，應設法離間之，使其上下猜忌。

例證：戰國時，齊國田單離間燕王與樂毅，造成樂毅去職，田單一鼓作氣，收復齊國七十餘城。

註二九：攻敵於戒備疏忽之際、意料評估之外。

例證：二次大戰（公元一九四一年）時，日本偷襲美國太平洋海軍基地珍珠港，由於珍珠港守備部隊事先毫不知情，日軍又刻意選定於星期日（十二月七日）美軍休假之時，發動攻擊，因此損失慘重，美軍太平洋艦隊幾乎全毀。

註三十：意謂無法預先加以傳授。

夫未戰而廟算（註三一）勝者，得算多也。未戰而廟算不勝者，得算少也。多算勝，少算不勝，而況無算乎！吾以此觀之，勝負見矣。

註三一：古代興師，必先祭告於宗廟。然後於廊廟之上商議軍政大事，稱爲廟算。

# 作戰第二：

## 一、原文：

孫子曰：凡用兵之法，馳車千駟，革車千乘，帶甲十萬，千里饋糧；則內外之費，賓客之用，膠漆之材，車甲之奉，日費千金，然後十萬之師舉矣！

其用戰也，貴勝，久則鈍兵挫銳。攻城則力屈。久暴師則國用不足。夫鈍兵挫銳，屈力殫貨，則諸侯乘其弊而起，雖有智者，不能善其後矣。故兵聞拙速，未睹巧之久也。

夫兵久而國利者，未之有也，故不盡知用兵之害者，則不能盡知用兵之利也。善用兵者，役不再籍，糧不三載；取用於國，因糧於敵，故軍食可足也。國之貧於師者遠輸，遠輸則百姓貧；近於師者貴賣，貴賣則財竭，財竭，則急於丘役。力屈財殫，中原內虛於家，百姓之費，十去其七；公家之費，破車罷馬、甲冑矢弩、戰楯蔽櫓、丘牛大車，十去其六。

故智將務食於敵，食敵一鍾，當吾二十鍾；萁秆一石，當吾二十石。故殺敵者，怒也；取敵之利者，貨也。故車戰，得車十乘以上，賞其先得者，而更其旌旗，車雜而乘之，卒善以養之，是謂勝敵益強。

故兵貴勝，不貴久。故知兵之將，民之司命，國家安危之主也。

## 二、語譯：

### 第二篇 作戰篇

孫子說：一般用兵的法則，攻擊用的馳車一千輛及運載軍需用的革車一千輛，合計編制帶甲士卒共計十萬人，然後還要自千里之外，運送糧食而來。如此則國內、國外因戰事而造成的消費、接待外賓以廣結奧援的度用、武器弓矢的材料費、車輛甲冑的保養維修費等消耗，合計每日需花費千兩的黃金，才能出動十萬大軍。

戰爭指導的原則是貴在求勝。若拖延持久，結果兵器必將弊鈍，官兵士氣也會受到挫折。攻敵堅城則力量將消耗殆盡。長久在外用兵，必導致國家財政經濟的枯竭。若兵器已經弊鈍，官兵士氣也已遭致挫折，力量並已消耗殆盡，國家財政經濟亦瀕臨崩潰，那麼其他鄰國或敵國必將乘我疲憊之際，起而攻擊我，雖有智將，也無法挽此危機，收拾殘局了。所以說用兵之道只聽說過平時紮實的準備戰爭，以力求戰時的速戰速決，尚未見到平時備戰投機取巧而戰時又能支撐長久的。

長久用兵而符合國家利益的，尚未見過，所以不知道用兵害處的統帥，就不能完全瞭解用兵的利益。

善於用兵的統帥，徵召百姓服役，以一次爲限，糧食運補以不超過二次爲原則；軍械武器由國內製造，而糧食應就敵國或戰區內徵集，所以軍隊糧食自然可以充足。一般而言，國家之所以會因爲軍隊作戰而貧窮，是因爲有遠距運補的緣故，遠距運補會導致百姓貧窮；軍隊附近的地區則會陷入通貨膨脹，通貨膨脹會導致國家財源的枯竭，當國家財源枯竭後，必急於提高稅役，而增加百姓的負擔。當力量耗盡，財源枯竭，將造成國家社會的空虛。一般家庭百姓的工作所得十分之七被政府徵收，耗費於戰爭；而政府的消耗，就戰車、戰馬、盔甲、征衣、弓弩、矢箭、盾牌、刀戟、大牛、輜車等物資的毀損來統計，也將去掉十分之六。

所以有才智的將領，務必要做到因食於敵。要知道由敵人或戰區內獲得一鍾的糧食，其成本效益相當於後方二十鍾糧食的價值；由敵人或戰區內獲得一石的牛馬飼料，其成本效益相當於後方二十石牛馬飼料的價值。所以要鼓舞士兵奮勇殺敵的士氣，須激勵士兵同仇敵愾的怒氣；要驅使士卒勇敢掠取敵人的戰利品，則須秉公分賞，以獎勵英勇。所以在車戰之中，凡能擄獲敵人十輛以上的戰車，應該要獎勵那個率先擄獲的人，然後將戰車換上我軍的旌旗，雜編於各部使用，至於敵人降兵，則更應善加款待，使其真心歸附而爲我所用，這便是戰勝敵人後，可使我軍力量更爲強大的道理。

所以用兵之道，貴在勝利，而不是貴在持久。深知用兵之道的將領，真是百姓命運的操控者，國家安危的棟樑。

## 三、釋義：

### 作戰第二（註一）：

孫子曰：凡用兵之法，馳車千駟，革車千乘，帶甲十萬，千里饋糧（註二）；則內外之費，賓客之用，膠漆之材，車甲之奉（註三），日費千金，然後十萬之師舉矣！

註一：本篇題旨為：「效益原理與節約」。

如果說天下絕無廉價的和平，那麼戰爭及備戰皆是昂貴的消費，古今皆然。孫子把戰爭視爲消耗國家資源的魔鬼。「日費千金」正是戰爭消耗特性的最佳寫照，而且這種特性隨著科技文明的進步而更形擴大。據統計，第一次世界大戰的戰費支出，大約是二、八〇〇億美金，但僅僅不到二十年的時間，第二次世界大戰的戰費支出，竟高達一六、〇〇〇億美金，如此巨額的消耗，使得戰爭成了貧窮的同義字，甚至包括已開發的超級強國，也經不起這種消耗，以美國參加越南戰爭爲例：越戰的失敗，根本的原因，在於常年巨額的戰費支出，造成了國內嚴重的經濟不景氣，以致反戰情緒高漲，迫使美國政府不得不撤出越南戰場，終於造成越南的赤化。

戰爭既然有嚴重的消耗性，因此在發動戰爭之初，首先要評估其效益，正確的制權—亦即我需要花費多少的成本，來取得因戰勝而獲得的利益？風險有多大？划不划算？投資報酬率是多少？這就是效益原理。這種評估原理與商業投資的評估原理，十分類似，任何的一種商業投資，均希望以最少的支出獲取最大的利潤，用兵亦然，因此需要講究節約。孫子「速戰速決」、「因糧於敵」、「取敵之貨」、「善卒養之」等觀念，總謂之「勝敵益強」，都是要求以最少的代價，獲得最大的利益，這就是本篇之要旨。

註二：馳車：輕車。即快速輕便的戰車。

一車套四馬曰駟；一車套四牛曰乘。

革軍：即輜重車輛。載運器械、財貨、衣裝等。

古代編制：

馳車：每車四馬，配甲士三人，兵卒七十二人，共七十五人。

革軍：每車四牛，炊子十人，守裝五人，廄養五人，樵汲五人，共二十五人。

合馳、革軍爲一單位，共爲百人，若以千乘計之，正好十萬人。

餽糧：運送糧食。

註三：內外之費：指前方、後方或國內、國外的花費。

賓客之用：指接待各國使節往來的費用，即外交的費用。

膠漆之材：指製作、保養弓弩、甲盾等作戰器械所需的各種物資。

車甲之奉：指車輛武器之保養補充。

**其用戰也，貴勝，久則鈍兵挫銳（註四）。攻城則力屈（註五）。久暴師則國用不足（註六）。**

註四：鈍兵爲兵器弊鈍；挫銳爲士氣挫折。

例證：日軍於民國二十六年侵略我國，初期獲得勝利，惟曠日持久，終致失敗。

註五：攻敵之堅城，力量必大受損傷。

例證：公元一九0四年日俄戰爭時，日本強攻旅順要塞，費時五月餘，死傷近六萬眾才攻下，犧牲慘重。

註六：長久用兵，必然導致國家的財政枯竭。

例證：一九五0年以來，美國長期參與越南戰爭，花費軍費高達一、五00億美金，終於造成嚴重的經濟蕭條，導致國內反戰情緒高漲，最後則不得不倉惶撤軍。

**夫鈍兵挫銳，屈力殫貨，則諸侯乘其弊而起，雖有智者，不能善其後矣（註七）。**

註七：屈力指力盡，殫貨指財盡。

例證1：民國三十四年八月八日，美國第二顆原子彈投於日本長崎後，蘇聯立刻對日宣戰，進軍東北，接收日軍的裝備及利益。

例證2：二次大戰末期德軍久戰失利，物價匱乏，東西戰場雖有善戰之曼斯坦、隆美爾、倫德斯特等名將指揮，亦難扭轉戰局。

**故兵聞拙速，未睹巧之久也（註八）。**

註八：拙是笨拙、紮實之意，是指平時的準備戰爭；速是速戰速決，是指戰時的遂行戰爭，戰時要做到速戰速決，須有平時笨拙的準備戰爭爲基礎，未見平時備戰投機取巧，而戰時仍能支撐長久者。

王陽明說：「兵貴拙速，要非臨戰而能速勝也，須知有個先著，在校之以計而索其情是也。」

例證：一九六七年第三次以、阿戰爭中，以色列所以能以凌厲之攻勢，六日內即擊敗阿聯，主因即在於以色列平時備戰指導的落實。

**夫兵久而國利者，未之有也，故不知用兵之害者，則不能盡知用兵之利也（註九）。**

註九：吳子曰：「天下戰國，五勝者禍，四勝者弊，三勝者伯，二勝者王，一勝者帝。是以數勝而得天下者稀，以亡者眾。」

**善用兵者，役不再籍，糧不三載（註十）；取用於國，因糧於敵（註十一），故軍食可足也。**

註十：籍指徵召或動員之意，即服役以一次爲限。

糧不三載：指糧食運補以不超過二次爲原則。

註十一：取用於國：指軍械武器由國內製造，以符適用。

因糧於敵：糧食就敵國或戰區內徵集。

作戰之初應確立戰爭目標爲何，據此以規畫動員數量，及補給規模，切忌貪功急進，妄擴戰爭目標，以致後勤接濟不及。美軍參與越戰失利及日軍挑起太平洋戰爭終於慘敗均可爲證。

**國之貧於師者遠輸，遠輸則百姓貧；近於師者貴賣，貴賣則財竭，財竭，則急於「丘役」（註十二）。**

註十二：貴賣：即今之通貨膨脹。

丘役：即現代之戰時稅制與丁役制。

《司馬法》曰：「六尺爲步，步百爲畝，畝百爲夫，夫三爲屋，屋三爲井，四井爲丘，四丘爲甸。丘蓋十六井也，丘有戎馬一匹、牛四頭。」古代賦役之法，丘爲計算單位之一，故稱「丘役」。據此：一丘爲三十六萬步見方，一步若以一七〇公分計，一丘爲六十一萬二千平方公尺。

**力屈財殫，中原（註十三）內虛於家，百姓之費，十去其七；公家之費，破車罷馬（註十四）甲**

冑矢弩、戰楯蔽櫓、丘牛大車，十去其六。

註十三：中原指國內。

註十四：罷，作疲，為罷之俗字。

註十五：甲、冑、矢、弩、楯、櫓均為古戰具，丘牛大車為輜重革車。

例證：漢武帝連年征戰，海內虛耗，霍去病以十四萬騎出塞，歸回者不過三萬；唐太宗遠征高麗，官兵傷亡逾萬，車馬損失十之七八。

故智將務食於敵，食敵一鍾，當吾二十鍾；𦮼秆一石，當吾二十石（註十六）。

註十六：鍾，古代容量單位。每鍾是六斛四斗。𦮼，音ㄐㄧˋ，豆稭。《說文解字》段玉裁注：「禾莖既刈之，上去其穗，外去其皮，存其淨莖，是曰稭。」秆是禾桿，音ㄍㄢˋ。𦮼、秆均爲牛馬飼料。石（音ㄉㄢˋ）亦是古代容量單位。一石是一百二十斤。

例證：三國時，諸葛亮六出祁山均失利，主因即是補給線太長。

故殺敵者，怒也（註十七）；取敵之利者，貨也。

註十七：怒，同仇敵愾的士氣。

例證：戰國時，燕國連下齊國七十餘城，僅即墨與莒城未陷，齊田單受命退敵，田單除用「反間計」迫使樂毅去職外，更使人散佈流言，謂齊人最懼祖墳被掘，齊兵最懼俘虜遭劓，燕將騎劫聽之，乃盡掘齊人城外墳墓，盡劓齊兵俘虜，以致齊國軍民人人義憤填膺，同仇敵愾，終於奮勇殺敵，收復失土。

故車戰，得車十乘以上，賞其先得者，而更其旌旗，車雜而乘之，卒善以養之，是謂勝敵益強（註十八）。

註十八：善待俘虜及敵國百姓，可以化敵為友，並樂於助我，所以能益強。

例證：元成吉思汗佔領波蘭基麗羅夫時，蒙古兵不過三分之一，其餘盡皆俄國俘兵。

故兵貴勝，不貴久。故知兵之將，民之司命，國家安危之主也（註十九）。

註十九：張居正曰：「武侯生則蜀興，死則蜀亡。子儀以一身係天下安危二十年，皆主國家安危之將者。」

## 謀攻第三：

### 一、原文：

孫子曰：凡用兵之法，全國為上，破國次之；全軍為上，破軍次之；全旅為上，破旅次之；全卒為上，破卒次之；全伍為上，破伍次之。是故百戰百勝，非善之善者也，不戰而屈人之兵，善之善者也。

故上兵伐謀，其次伐交，其次伐兵，其下攻城。攻城之法，為不得已，修櫓、轒轀，具器械，三月而後成，距闉又三月而後已，將不勝其忿而蟻附之，殺士卒三分之一，而城不拔者，此攻之災也。故善用兵者，屈人之兵，而非戰也；拔人之城，而非攻也；毀人之國，而非久也。必以全爭於天下，故兵不頓而利可全，此謀攻之法也。

故用兵之法，十則圍之，五則攻之，倍則分之；敵則能戰之，少則能守之，不若則能避之。故小敵之堅，大敵之擒也。

夫將者，國之輔也；輔周則國必強，輔隙則國必弱。

故君之所以患於軍者三：不知三軍之不可以進，而謂之進；不知三軍之不可以退，而謂之退，是謂縻軍。不知三軍之事，而同三軍之政，軍士惑矣。不知三軍之權，而同三軍之任，則軍士疑矣。三軍既惑且疑，則諸侯之難至矣！是謂亂軍引勝。

故知勝有五：知可以戰與不可以戰者，勝。識眾寡之用者，勝。上下同欲者，勝。以虞待不虞者，勝。將能而君不御者，勝。此五者，知勝之道也。故曰：知己知彼，百戰不殆；不知彼，而知己，一勝一負；不知彼，不知己，每戰必殆。

## 二、語譯：

### 第三篇　謀攻篇：

孫子說：一般用兵的指導原則，以能全存敵我兩國而又能獲得勝利果實爲最佳策略，若戰後而敵我兩國均殘破的勝利，僅爲次佳策略；以能全存敵我兩軍而又能獲得勝利果實爲最佳策略，若戰後而敵我兩軍均殘破的勝利，僅爲次佳策略；以能全存敵我兩卒而又能獲得勝利果實爲最佳策略，若戰後而敵我兩卒均殘破的勝利，僅爲次佳策略；以能全存敵我兩伍而又能獲得勝利果實爲最佳策略，若戰後而敵我兩伍均殘破的勝利，僅爲次佳策略。所以百戰百勝，不能稱爲好辦法中的最好辦法，不經由戰爭的慘烈破壞而能屈服敵軍，才是好辦法中的最好辦法。

所以最上等的兵法，是以謀略攻伐敵國，其次是以外交攻伐敵國，再其次是以軍事工具攻伐敵國，最下等的兵法是強攻敵國的堅固城池。攻擊堅城是最不得已的方法，要知道整修大楯、轒轀車，及準備攻城用的器械，需要三個月後才能完成，而構築攻城用的陣地工事，又需三個月後才能完畢。其間若攻城將領不勝焦急憤怒，而下令士兵蟻附攻城，那麼可能犧牲三分之一的士兵而仍然無法攻下城池，這真是攻城的災難。所以善於用兵的將帥，屈服敵人的軍隊，而不需經由戰爭；拔取敵國的城池，而不是使用強攻；毀滅敵人的國家，而不需拖延持久。必然是以全存敵我的原則去爭勝負於天下，所以軍隊不須疲勞困頓而國家利益即可獲得保全。這是以謀略攻敵的方法。

所以用兵的方法，當十倍於敵人兵力的時候，則宜由四面包圍而殲滅之；當五倍於敵人兵力的時候，則宜集中兵力攻擊而殲滅之；當兩倍於敵人兵力的時候，則宜分割突穿，席捲而殲滅之；當與敵人兵力相匹敵的時候，則應能操控戰局，立於主動地位；當我兵力與敵人相較，處於相對弱勢時，則應能據險佈防，採取守勢；當我兵力與敵人相較，處於相對懸殊時，則應能巧妙轉進，待機而動。所以當力量弱小時，不知暫避待時，而不自量力，徒逞匹夫之勇，與大敵堅守力拼，最後必爲大敵所俘擄。

將帥，是國家的輔佐。若將帥輔佐周密，則國家必可日臻強盛；若將帥輔佐罅隙，則國家必然日趨衰弱。

所以一國元首之所以會成爲軍事指揮上的憂患，是指以下三件事：不知道三軍不應前進時，卻命令部隊前進，不知道三軍不應撤退時，卻命令部隊撤退，就稱之爲束縛干涉部隊的行動；不瞭解三軍的事務，卻要去參與三軍的政務，會造成官兵的迷惑；不瞭解三軍的權變，卻要去干涉三軍的指揮，會造成官兵的懷疑；三軍官兵既迷惑且懷疑，就會導致敵國外患接踵而來！就稱之爲紊亂我軍軍事的指揮系統而遭致敵人的勝利。

所以未戰之前，有五種方法可以預知勝機：知道何時可以作戰，何時不可以作戰的一方，就可獲勝。不論在力量強大或弱小時，均能善加運用的一方，就可獲勝。上下同心同德，團結一致的一方，就可獲勝。用周密的準備來等待敵人的不周密準備的一方，就可獲勝。將帥才能具備而國君又不會越權干預的一方，就可獲勝。這五件事，是預知勝利的方法。所以說：知道我軍實力又知道敵軍情況，可以百戰而不危險；不知道敵軍情況而僅知我軍實力，勝負各半；不知道敵軍情況又不知道我軍實力，每戰必危險。

## 三、釋義：

### 三、謀攻第三（註一）：

孫子曰：凡用兵之法，全（註二）國為上，破國次之；全軍為上，破軍次之；全旅為上，破旅次之；全卒為上，破卒次之；全伍為上，破伍次之（註三），是故百戰百勝，非善之善者也，不戰而屈人之兵，善之善者也。

**註一：本篇題旨為：「全勝原理與限戰」。**

孫子的全勝思想是建立在伐謀、伐交及伐兵階層中「嚇阻」的優先選擇上，以追求「不戰而屈人之兵」；即使在漫延成武裝衝突後，也主張以優越的戰術作為—「迂直之計」，以擊虛、以反制，追求「勝於易勝」。其目的則在限制戰爭的規模。這種觀念與近代「有限戰爭」的思想，不謀而合。孫子的這種主張是來自於其對兵災戰禍的慘痛認知上。

> 凡用兵之法，馳車千駟，革車千乘，帶甲十萬，千里饋糧；則內外之費，賓客之用，膠漆之材，車甲之奉，日費千金，然後十萬之師舉矣。〈作戰篇〉

「日費千金」自然大不利於國計民生，若不幸而「久暴師」，其結果也必然是國疲民困。〈作戰篇〉進一步又說：

> 夫兵久而國利者，未之有也，故不盡知用兵之害者，則不能盡知用兵之利也。

所以尋求限制戰爭的思想，因此而產生，〈謀攻篇〉：

> 上兵伐謀，其次伐交，其次伐兵，其下攻城。

其中所揭櫫的謀攻次序，正是限制戰爭的被濫用，以減輕戰爭對國家所可能造成的危害。

根據美國國防部出版的《軍語辭典》，對「有限戰爭」的定義是：

在戰爭中，若參加者對於目的、兵力、武器、攻擊目標，以及地理範圍，願意自動設限者，即為有限戰戰爭。

近代有限戰爭的理論，是從克勞塞維茨強調戰爭「是一種真正的政策工具」而開展來的。依照克勞塞維茨的想法，戰爭只是政策的一種工具，而不是唯一的工具；而且既然是工具，則其本身不是目的，實現國策才是戰爭的目的，這些加諸戰爭本身的限制因素，就形成了有限戰爭理論的基礎。美國則近一步從兵力、武器、攻擊目標及地理範圍設限，是希望儘量避免戰爭的爆發，若是無法避免，也希望將戰爭控制在一定的規模內，以避免國力的無謂損耗，達到「全國全軍」的目的。

而孫子所強調「非利不動，非得不用，非危不戰」也主張戰爭是實現國家目標的工具，其次「伐謀，伐交，伐兵，攻城」的諸多方法中，戰爭只是其中之一，而不是唯一，甚至是下下策。不過孫子當時進一步去限制戰爭的方式，卻是循著戰術的思想路向，追求軍爭的「以迂爲直」、「以患爲利」、「避實擊虛」、「踐墨隨敵」等方法，而達到全軍破敵的目的。

註二：全為保全之意。

「全」的意義，歷來註家都以「全己之國」爲解，如：

曹操註：

不與敵戰而必完全得之，立勝於天下，不頓兵血刃也。

梅堯臣註：

全爭者，兵不戰，城不攻，毀不久，皆以謀而屈敵，是曰謀攻，故不頓兵利自完。

張預註：

以完全立勝於天下，故無兵頓血刃之害，而有國富兵強之利。

這樣的註解只說明了孫子謀攻之要旨，只針對「戰爭勝利」的追求，對於戰後的和平，則完全沒有觸及，而這並不是孫子「勝利」的真諦。明代張居正與近人王建東，則分別從「保全人之心」與「全人之國」的觀點，去探求孫子戰後的和平指導，對於闡示孫子勝利的真諦，頗有獨到的見解。

張居正註：

惟以保全人之心，與天下爭，仁義之兵，天下孰與抗衡哉？（開宗直解鰲頭七書）

王建東說：

「全」乃保全和全存之意義，即全存他人之國家，全存他人之軍隊；不必經過大軍經年累月之大會戰、去攻陷敵國國都，俘虜敵國元首；而是以不流血方式，獲得一國之國家戰略目標；亦正所以保全自己國家免受戰火蹂躪之禍，保全自己軍隊避免大量傷亡損耗之慘，而其獲致勝利之成果則一也；此即謂之「全勝」。（孫子兵法思想體系精解）

張居正所說的「保全人之心」，自然也包含有「保敵人之心」在內，存有保敵人之心，則戰爭才能被有效的控制，而不致漫延成永無休止的冤仇，所以張居正稱之爲「仁義之兵」。至於王建東所謂的「全勝」，是建築在全敵之國與全己之國的基礎上，缺一均不可謂之全勝。這樣的主張，事實上已打破了敵我的界限，當敵我界限不再如此壁壘分明，則雖在連年征戰後，終能化敵爲友。蓋敵人亦人也，墨子所主張的兼愛，推到極致，就是「愛敵如己」，如此「非攻」才有意義，這就是勝利與敵友的真諦。

例證：康熙皇帝以政治方法安撫北方蒙古（定牧、分治、結婚、宗教）永除塞北邊患，曾曰：「修築萬里長城，實屬無用，我朝施恩予蒙古，使之防備於朔方，較築長城，猶爲堅固也。」

註三：軍、旅、卒、伍均為古代部隊編制。

軍：一萬五千五百人。

旅：五百人。

卒：一百人以上，一校以下。

伍：五人。

故上兵伐謀（註四），其次伐交（註五），其次伐兵（註六），其下攻城（註七）。

註四：伐謀，即謀略戰。

所謂謀略有：謀國之謀、謀政之謀、謀敵之謀、謀己之謀、謀軍之謀、謀戰之謀、謀和之謀。國家在不同的階段，需有不同的謀略。所謂謀是計劃、準備的意思；略是方法、策略的意思。謀略的目的，是國家安全。

當一個國家進入了謀略的思考後，首先將面臨以下問題：

（1）國家有什麼力量？還需要建立什麼力量？

（2）國家有多少力量？能建立多少力量？

（3）要運用什麼力量？

（4）要運用多少力量？

（5）何時運用力量？

（6）在那裏運用力量？

（7）誰去運用力量？

要回答這些問題，就要先瞭解下面四件事：

（1）國家潛在的危機在那裡？假想敵為誰？

（2）解決衝突的方式是甚麼？

（3）戰爭的型態為何？

（4）可能的戰場在那裡？

這些是謀略思考的基本假設，謀略的運作是一種昂貴的投資，當然不能漫無標準。理論上，一個國家所遭受到的潛在威脅愈大，則其力量的建立必然愈週全而龐大，更具體的說，建立力量前要先瞭解「假想敵」有什麼力量？有多少力量？這當然涉及情報蒐集，〈虛實篇〉云：

策之而知得失之計，作之而知動靜之理，形之而知死生之地，角之而知有餘不足之處。

經由策、作、形、角的過程，瞭解到敵人力量的性質與規模後，再據以建立足以反制敵人之力量的性質與規模，這即是「因敵制勝」在建立力量中的意涵。其次，當國家確認了潛在威脅，找到了假想敵之後，接著要預想可能衝突的原因：是經濟因素？領土糾紛？宗教信仰？還是種族分離？……這跟衝突的性質有關；然後預想解決衝突的方式是什麼？是軍事的？還是非軍事的？這跟戰爭的型態有關。然後依據不同的性質與型態，逐一建立力量（準備戰爭）。這就是孫子在建立層面的「伐謀」。

至於謀略的運用（遂行戰爭），指的乃是戰場「詭道」的顯現。蓋兵凶戰危，如何以最小的代價，取得國家最大的利益，是其目的，其具體的方法，就是「欺敵」，孫子說：「兵以詐立。」（軍爭篇）就是這個意思。值得注意的是，在這個過程之中，需要不斷的透過假象以掩蓋真象，空留形式而偷換內容，用次要的「過場」沖淡主要的「劇情」，讓敵人產生一種虛幻的錯覺，而無法料定我的本意，其中自己力量的多寡並不重要，重要的是敵人認爲我有多少力量？因此，引導敵人作成符合我軍期望的判斷，就是戰勝的前奏，稱爲「示形」。〈始計篇〉：「能而示之不能」以下十四項，即其要領。

註五：伐交，即外交戰。

當認清了國家的潛在危機後，接著就是評估國際現實裡的敵友關係，以作爲「因敵制勝」的前提。也就是該拉攏誰？該找誰聯盟？該孤立誰？該分化誰？該打擊誰？的一種正確的選擇。而這種選擇的基礎，就是國家利益。

一般說來，國際間有共同利益需求的國家，是較可能形成聯盟的，《戰國策》說：「形同憂而兵趨利」，又說：「約於同形則利長」（齊策五）就是這個意思。這種共同利益所形成的聯盟，是國力的要素之一。但從另一方面說，既然是以利益需求爲導向，所以其他利益的引誘或介入，當超過原始利益時，也可能造成盟散約解的結果。所以瞭解敵國聯盟之中，利害糾結的關係，並進一步利用而分化其與盟友關係，使其日漸孤立而形同瓦解；至於本國則厚結敵人盟友，在積極上，使之成爲我之盟友，在消極上，使之保持中立，並全力鞏固本國與盟友關係，以壯大聲勢，像這種外交戰場上的攻奪，如果能在戰前就取得優勢，往往就是戰爭勝利的保證，所以〈兵勢篇〉說：「善戰者，求之於勢」指的就是這種外交上的優勢。

例證：戰國時，蘇秦約六國不事秦，秦人閉關十五年，不敢窺山東。另西元一九八一年英阿福島戰役中，阿根廷戰敗。許多學者認爲：阿根廷並非敗於英軍之手，而是敗於英國外交官之手。

註六：伐兵，是指使用一切以軍事力量勝敵的總稱。

惟歷來註家的註解，皆嫌狹隘，梅堯臣註：「以戰勝。」李筌註：「臨敵對陣，兵之下也。」王皙註：「戰者，危事。」都是以軍事衝突的既成事實來解釋「伐兵」，其實這樣的解釋，只說對了一半，孫子思想中的伐兵，不僅有武力的，更有非武力的，總括而言，其軍事力量勝敵的方法有兩種：一是嚇阻，一是擊虛。

**（1）嚇阻：**

所謂嚇阻，依 Henry E.Eccles 的解釋，是指「一方運用其一切力量、武力、與破壞力的能量與意志，在敵方的心意中所產生的影響。」（軍事概念與哲學）這個定義說明兩個重要事實：一是力量才是「嚇阻戰略」的憑藉，它包含保證摧毀的報復力量與意志；另一是嚇阻是對敵意志的影響力。換言之，必須假設敵對雙方是「理性的」，「嚇阻戰略」才有存在空間。

首先，就建立力量而言，「昔之善戰者，先爲不可勝。」（軍形）孫子主張應先立於不敗之地，至於如何立於不敗之地？當然有賴於平時的準備戰爭，〈九變篇〉說：

> 用兵之法，無恃其不來，恃吾有以待之；無恃其不攻，恃吾有所不可攻也。

必須先「有」力量，才能抑制侵略者的野心，也才能有效預防戰爭的爆發，這與〈謀攻篇〉所揭櫫的「不戰而屈人之兵」，就伐兵的階層來看，同是「嚇阻」的觀念。

其次，就理性角度而言，孫子的謀略思想是建立在理性的基礎上，一切的軍事對抗應摒棄私人好惡的非理性因素，〈火攻篇〉說：

主不可以怒而興師，將不可以慍而致戰。

這是孫子理性主義的明證。有了理性主義作基礎，才能確實「衡量敵人」與「被敵人衡量」。〈始計篇〉說：

夫未戰而廟算勝者，得算多也；未戰而廟算不勝者，得算少也；多算勝，少算不勝，而況無算乎？吾以此觀之，勝負見矣。

「廟算」正是理性衡量的結果。兩軍在交戰前，相互以理性評估對方，其間就存在著一方可能運用其一切力量、武力、與破壞力的能量與意志，在敵方的心意中產生影響。而這也就是孫子「先爲不可勝」的意旨。

例證：西元一九六二年，美國偵察到蘇聯正準備在古巴設置瞄準美國的核子飛彈，美國除嚴重抗議外，甘迺迪甚至揚言：「全球備戰」，因而迫使蘇聯撤走飛彈。但「嚇阻」必須有實力作後盾。

（2）**擊虛**：

在嚇阻仍無法預防戰爭後，國際間於是形成軍事衝突，但既使是漫延成軍事衝突，孫子仍主張儘量縮小戰爭的規模，以最小的代價，獲致最大的戰果，其具體的戰術思想，就是「擊虛」。已如前述，力量的建立是一種昂貴的投資，而國家的資源有限，軍事衝突又是一種昂貴的消費，所以擊虛就其運用上，也是一種高度的節約。既然講究節約，當然不能漫無標準，特別是軍事力量的建立與運用，更是如此。

基本上，軍事力量是建立在假想敵現況的基礎上，又可分爲反制與擊虛，反制是指針對敵人的強點，重點的加以防備，例如：敵人以兵車爲強，當然要建立防兵車的力量，若敵人以騎兵爲主，則需建立防騎兵的力量。〈軍形篇〉所謂的「其所措必勝」及「先立於不敗之地」，〈火攻篇〉的「恃吾有以待之」，深入建軍的層面看，正是建立反制兵力。其次是擊虛，擊虛是針對敵人的弱點，重點的加以準備，例如：騎兵可能爲未來戰場的決勝兵種，而敵人又慮不及此，則我全力發展，形成「祕密武器」，一旦戰爭爆發，必可全軍破敵，〈軍形篇〉所謂的「勝於易勝」「不失敵之敗也」正是針對此而言的。

註七：攻城，攻敵之堅城。

例證：南宋末年，蒙古軍強攻四川合州釣魚城，先後圍城達數十年之久，死傷數萬眾，元憲宗蒙哥亦因督攻此城受傷致疾而崩亡。

攻城之法，為不得已；修櫓、轒轀（註八），具器械（註九），三月而後成，距闉（註十）又三月而後已，將不勝其忿而蟻附之（註十一）殺士卒三分之一，而城不拔者，此攻之災也。

註八：櫓：大楯。

轒轀：音ㄈㄣ ㄨㄣ，古代攻城用的四輪車。

杜牧曰：「排大木爲之，上蒙生牛皮，下可容十人，往來運土塡塹，木石所不能傷。」

註九：具器械：準備攻城的器械。

註十：距闉：闉，音ㄧㄣ。距闉今陣地工事之總稱。

杜牧曰：「積土爲山曰堙，以距敵城，觀其虛實。《春秋傳》曰：『楚司馬子反乘堙而闚宋城也。』」

註十一：李筌曰：「使士卒肉薄登城，如蟻之所附墻。」

例證：後魏太武帝攻宋臧盾於盱眙，即用蟻附攻城法。

故善用兵者，屈人之兵，而非戰也；拔人之城，而非攻也；毀人之國，而非久也。必以全爭於天下，故兵不頓（註十二）而利可全，此謀攻之法也。

註十二：頓，通「鈍」。即鈍兵挫銳之意。

例證：秦惠王十四年（公元前三一六年）司馬錯論伐蜀曰：「繕兵不傷眾，而彼已服矣！」見《戰國策・秦策》。蓋當時秦、蜀力量懸殊甚大，而蜀中正處戰亂，交戰雙方均求救於秦，所以秦之入蜀，不但有「禁暴止亂」之名，且坐收「廓疆廣地」之利，真是「兵不頓而利可全」。（參閱〈九變第八〉註十六）

**故用兵之法，十則圍之，五則攻之，倍則分之；敵則能戰之，少則能守之，不若則能避之（註十三）。**

註十三：此言兵力與戰術的關係。十、五、倍是指優勢兵力；敵、少、不若則為劣勢兵力。圍、攻、分、戰、守、避則是不同的戰術，其間雖然有某種關聯，但變數極大，不可食古不化，古今以寡擊眾、以弱擊強而勝的戰爭頗多。

例證：漢景帝三年，吳楚反漢攻梁，梁王求援，帝命周亞夫平亂，周亞夫因兵力劣勢，固守昌邑不出，另派兵斷絕吳、楚糧道（淮泗口），吳、楚因補給中斷撤兵，周亞夫出城追擊，大破敵軍。（不若則能避之）

**故小敵之堅，大敵之擒也（註十四）。**

註十四：力量弱小時，不知暫避待時，而不自量力，徒逞匹夫之勇，與大敵力拼，最後必為大敵所擒。

例證：漢衛青部將蘇建，率三千兵馬與單于數萬力戰，傷亡慘重，僅蘇建一人脫險。

夫將者，國之輔也；輔周則國必強，輔隙則國必弱（註十五）。

註十五：周：周密。

例證：戰國時，趙以趙括代廉頗為將，竟造成長平大敗，覆軍殺將，坑卒四十餘萬，幾致亡國。

故君之所以患於三軍者三：不知三軍之不可以進，而謂之進；不知三軍之不可以退，而謂之退，是謂縻軍（註十六）。

註十六：李筌曰：「縻，絆也。不知進退者，軍必敗，如絆驥足，無馳騁也。」

例證：二次大戰時，希特勒於柏林遙控戰場用兵，於敦克爾克合圍前，竟令德軍原地停止行動，而錯失補殲英、法主力之良機，於史達林格勒之役又嚴禁德軍撤退，導致德軍幾乎全軍覆滅。

不知三軍之事，而同（註十七）三軍之政，軍士惑矣。不知三軍之權，而同三軍之任，則軍士疑矣。

註十七：同，干涉、干預之意

例證：一次大戰時，法國派議員服役軍中，名爲服役，實爲監軍。其中有位「哈勒」議員，將該部攻擊時間逕函法國總統，並謂攻擊時間選定不當，而總統竟越權干預，竟致軍令系統紊亂，終於失敗。

**三軍既惑且疑，則諸侯之難至矣！是謂亂軍引勝（註十八）。**

註十八：亂軍引勝：紊亂軍隊的指揮系統，而招致敵人的勝利。

例證：二次大戰時，希特勒以元首之尊，兼國防部長，陸軍總司令，集團軍總司令，動輒干涉下級行動，致使德軍一敗塗地。

**故知勝有五：知可以戰與不可以戰者（註十九），勝。**

註十九：知道可戰或不可戰的時機。

例證：三國時，曹操討張繡，因許昌有事，退軍，而張繡追欲之，賈詡勸其不可，繡不聽，大敗而返；賈詡又促其率殘兵再追，必然獲勝，繡聽之，果然獲勝。劉表等怪而問之，賈詡曰：「曹操因許都有事，急於退兵，必有勁將爲後殿，以防追兵，故知必敗；既破我追軍之後，必輕車速回，不復爲備，故能勝也。」

識眾寡之用者，勝（註二十）。

註二十：不論在力量強大或弱小時，均能善加運用的人，可獲得勝利。

例證：苻堅以百萬而敗淝水，李陵以五千而入匈奴，皆不識眾寡之用也。

上下同欲者（註二一），勝。

註二一：上下同欲：上下同心同德、團結一致。

何氏曰：「書云：『受有億兆夷人，離心離德，予有亂臣十人，同心同德。』商滅而周興。」（按亂臣：治亂之臣。）

以虞待不虞者，勝（註二二）。

註二二：虞，李筌、杜牧曰：「有備預也。」

例證：戰國時期，齊師孫臏設伏於馬陵道，以待龐涓。

將能而君不御（註二三）者，勝。

註二三：將領有才能，而國君又不越級干預。

例證：二次大戰時，羅斯福對艾森豪下達的指令是：「進軍歐陸，摧毀德軍。」此後即未再干涉其用兵。

此五者，知勝之道也。故曰：知己知彼，百戰不殆；不知彼，而知己，一勝一負；不知彼，不知己，每戰必殆（註二四）。

註二四：殆，危險。

例證：中、日甲午戰爭，清廷既輕視日本，又不知自己實力，妄自尊大，終招慘敗。

## 軍形第四：

### 一、原文：

孫子曰：昔之善戰者，先為不可勝，以待敵之可勝，不可勝在己，可勝在敵。故善戰者，能為不可勝，不能使敵必可勝，故曰：勝可知，而不可為。不可勝者，守也；可勝者，攻也。守則不足，攻則有餘。善守者，藏於九地之下；善攻者，動於九天之上，故能自保而全勝也。

見勝不過眾人之所知，非善之善者也；戰勝而天下曰善，非善之善者也。故舉秋毫不為多力，見日月不為明目，聞雷霆不為聰耳。古之所謂善戰者，勝於易勝也，故善戰者之勝也，無智名、無勇功。故其戰勝不忒，不忒者，其所措必勝，勝已敗者也。故善戰者，先立於不敗之地，而不失敵之敗也。是故勝兵先勝，而後求戰；敗兵先戰，而後求勝。善用兵者，修道而保法，故能為勝敗之政。

兵法──一曰度、二曰量、三曰數、四曰稱、五曰勝；地生度、度生量、量生數、數生稱、稱生勝。故勝兵若以鎰稱銖；敗兵若以銖稱鎰。勝者之戰，若決積水於千仞之谿者，形也。

## 二、語譯：

### 第四篇 軍形篇

孫子說：古時後善於處理戰爭事務的人，是先建立一個使敵人無法獲勝的態勢，然後再靜待可以戰勝敵人的機會；要建立一個使敵人無法獲勝的態勢，這件事是操之於自己平時備戰的是否完善之上，而等待可以戰勝敵人的機會，這件事則是操之在敵人有無錯誤的舉措之中。所以善於處理戰爭事務的人，能夠建立一個使敵人無法獲勝的態勢，但卻無法強求戰勝敵人的機會。所以說：勝利雖可由戰前的廟算預知，但是當時機尚未成熟以前，仍不宜勉強而爲。所謂建立一個使敵人無法獲勝的態勢，這是屬於守勢戰略的作爲；所謂等待甚至製造一個可以勝敵的契機，則屬於攻勢戰略的作爲。但若一味強調守勢，由於備多力分，會處處顯得兵力不足；若適時創機攻擊，由於目標單一，容易形成局部優勢，可以勝敵而有餘裕。善於建立守勢戰略的將帥，其謀略用兵有如深藏於九層地之下，隱密而使敵難以窺知；而善於建立攻勢戰略的將帥，其謀略用兵又有如震動於九重天之上，震撼而令人無從設防；所以當他退守時，可以保全實力；而進攻時，亦可大獲全勝。

見到的勝利只不過是和一般平凡大眾所見識到的一樣，那麼不是好中的最好；作戰勝利而天下人都鼓掌稱善，也未必是好中的最好。所以能舉起秋天毫毛的人，不能說他力氣大；能見到太陽月亮的人，不能說他眼力好；能聽到雷聲霹靂的人，也不能說他聽力強。古時後善於處理戰爭事務的人，乃是藉由完美的謀略指揮，從容的獲得勝利，所以善於處理戰爭事務之人，他的勝利既無足智多謀的威名，也沒有勇冠三軍的戰功。所以他能在戰爭中獲勝是無庸置疑的事，所以會無庸置疑，是因爲他一切的謀略措施完美必勝，當敵人敗象初露的時候，他就能把握良機，戰勝敵人。所以善於處理戰爭事務的將帥，是先立於不敗之地，同時也不會錯失敗敵的良機。所以在作戰中能獲勝的軍隊，是先營造一個得勝的優越態勢後，再向敵人求戰；而作戰中經常戰敗的軍隊，是在自己未做好充分準備前，即先向敵人開戰，然後隨戰局之發展，憑機運僥倖以求勝。善於用兵的將帥，能於平時即常修用兵之勝道，保賞罰之法度，所以能夠主導決定戰爭勝敗的政局。

用兵的思維步驟—第一步首先是判斷戰區之大小及戰線之容納量，而後確定戰爭目標、第二步是檢討補給規模是否足以支持戰爭目標、第三步是形成作戰構想及兵力部署、第四步是權衡國內、外形勢，而下達至當的決心。第五步是經過如此的比較計算後，就能穩操勝券；根據地理條件而產生作戰目標、根據作戰目標而產生補給規模、根據根據補給規模大小而產生作戰構想及兵力部署、根據作戰構想及兵力部署而能下達至當決心、決心下達後才能造成勝利。所以穩操勝券的軍隊，有如以重鎰量舉輕銖一般；而經常戰敗的軍隊，則有如以輕銖量舉重鎰一樣。穩操勝券的將帥於指揮作戰時，正如掘開千仞高山上的山谿積水，洶湧澎湃，這就是「形」的道理。

三、釋義：

**軍形第四（註一）：**

孫子曰：昔之善戰者，先為不可勝，以待敵之可勝（註二），不可勝在己，可勝在敵（註三）。

註一：本篇題旨為：「先勝原理與準備」

軍形在《宋本十一家註孫子》中，只單稱之爲「形」，曹操註爲：「軍之形也。」歷來學者均以曹註爲宗，故《武經七書》中複稱之爲軍形，其意乃在突顯用形的層面。大體說來，孫子所謂的「形」，概指恒常的，固定的，客觀的，習慣的，外顯的力量形式。

「形」字在《孫子兵法》中，扣除其重複者，總共出現了三十二次，約而言之，有以下三種意義：一爲形跡；二爲地形；三爲形態，茲分別述之如後：

**（1）形跡之義：**

形跡之「形」，在《孫子兵法》中，出現了六次，分別列舉如下：

〈兵勢篇〉：

鬥眾如鬥寡，「形」名是也。

渾渾沌沌，「形」圓而不可敗也。

曹操註：「旌旗曰形。」杜牧註：「形者，陳形也。」所謂「陳形」，即是古代作戰方式的一種外觀形式，陣形部署之周密，稱為「形圓」，它必須藉著旌旗為符號，才能組織及指揮陣形的運作，所以旌旗就成為軍隊形式的外在形跡，及其力量的象徵，因此只要能掌握旌旗的數量，動向，及其各種符號所代表的意義，也就能充分瞭解軍隊的大小和動態。形跡是可以偵察而知的，也是情報判斷的基礎。

而偵察敵人的形跡，孫子稱為「相敵」，其偵察要項，〈行軍篇〉述之甚詳—「近而靜者，恃其險也。」以下共有三十三項。如此詳細的列舉，儼然是一套情報偵搜的準則。對敵人的形跡應仔細偵察，而對我軍的形跡，則要做到隱匿無形，〈虛實篇〉云：

微乎！微乎！至於無「形」。

形人而我無「形」，則我專而敵分。

形兵之極，至於無「形」，無「形」則深間不能窺，智者不能謀。

無形才能使敵無跡可尋，梅堯臣註：「無形則微密不可得而窺。」正是此意。如此才能拘束敵人而不被敵人所拘束。

### (2)地形之義

地形之「形」，在《孫子兵法》中，出現了十三次，分別列舉如下：

〈虛實篇〉：

「形」之而知死生之地。

〈軍爭篇〉：

不知山林、險阻、沮澤之「形」者，不能行軍。

〈九變篇〉：

將不通九變之利者，雖知地「形」，不能得地之利矣！

〈地「形」篇〉：

地「形」有通者，有挂者，……通「形」者，……挂「形」者，……支「形」者，……隘「形」者，……險「形」者，……遠「形」者，……。夫地「形」者，兵之助也。

不知地「形」之不可以戰，勝之半也。

正如積水在千仞之谿或十仞之谿，其潛能是不同的，地形的險易遠近對於力量的發揮，也具有決定性的影響。所謂地形，是指地表的各種形貌，如山川沼澤，湖泊道路……等等，〈始計篇〉說：

地者：遠近、險易、廣狹、死生也。

指的是地表形貌在軍事上的意義和價值。事實上，在軍事上，佔據險要的地形，可以形成有利態勢，而在某些特種地形設下埋伏，更可重創敵軍，獲得決定性的勝利。因此，在作戰過程中，地形的偵搜與評估，至為重要，孫子稱為「形之」。不同的地形會有不同的戰略，不同的戰術，而產生不同的力量。「四軍」、「六形」、「九地」就是討論各種地形與力量之間的關係。

### （3）形態之義

形態之「形」，在《孫子兵法》中，出現了十三次，分別列舉如下：

〈軍「形」篇〉：

勝者之戰，若決積水於千仞之谿者，「形」也。

〈兵勢篇〉：

強弱，「形」也。

王晳註：「形者，定形也，謂兩敵強弱有定形也。」其所謂的「定形」指的是力量的客觀形式，及其施加於敵人心理之壓力的總稱，亦稱之形態或態勢。正如積水之在千仞之谿，其潛在的能量是水之數量與千仞之高的相乘積。李筌註：「形謂主客，攻守，八陣，五營，陰陽，向背之形。」是說力量是一種客觀而多層面的存在，但大體而言，仍需以形爲體。〈兵勢篇〉：

故善動敵者，「形」之，敵必從之。

〈虛實篇〉：

「形」人而我無形。

「形」兵之極，至於無形，無形則深間不能窺，智者不能謀。因「形」而錯勝於眾，眾不能知；人皆知我所以勝之形，而莫知吾所以制勝之「形」，故其戰勝不復，而應「形」無窮。

夫兵「形」象水，水之「形」，避高而趨下，兵之「形」避實而擊虛……故兵無常勢，水無常「形」。

以上諸「形」皆概指形兵而言，亦由形態之義孳乳而來，形態本義爲客觀而多層次的力量形式，但亦可將此形式，示形於敵，以達成我方的意圖，稱爲「形兵」。因此形兵其實是一種力量的「謀略化」，即是在謀略的過程中，創造出先勝的態勢，也正是詭道的表現，其中客觀力量的大小，並不重要，重要的是敵人對於我方力量大小的主觀認知，所以引導敵人形成符合我方期望的認知，就是形兵的目的。

總之，形跡、地形、形態三者，雖然意義略有不同，但其作爲力量之器皿的詮釋則一，而在國家的施政中，則泛指一切準備戰爭的總稱。〈軍形篇〉：

> 善用兵者，修道而保法，故能為勝敗之政。

賈林註：

> 常修用兵之勝道，保賞罰之法度，如此則常為勝，不能則敗。

所謂「勝敗之政」即指準備戰爭而言。舉凡一切的用兵之勝道，賞罰之法度，均需在平常就應建立的。換言之，軍形是針對建立力量及形成力量而立論。有了軍形，示形可更有選擇，稱爲「形兵」。形兵是力量的謀略化，其內容更涵蓋戰爭的各層面，有戰略階層，如力量的建立與統合，戰爭型態的預想與判斷，地緣戰略的分析與利用；戰術階層如作戰類別，陣營部署；以及天時氣象，地形環境等項目均包含在內。而這些涵蓋平戰兩時的基礎條件，其實也正是建立軍形的參考指標。此外，軍形的外觀是可查知的，也是情報判斷的必要程序，所以「隱形」是消極的保密之道，「示形」則爲積極的欺敵之道。

「軍形」是謀略思想的準備過程。蓋國際的對抗，經常是沒有確定性，而戰火的延燒，一般也不會先有預警，因此平時積極的準備戰爭，以建立力量，是一個國家安全鞏固的基礎。即使猝然遭受外來武力的攻擊，也可以一戰，而避免國家的敗亡。孫子說：「兵者，國之大事，死生之地，存亡之道，不可不察也。」《司馬法》：「天下雖安，忘戰必危。」皆是從這個角度出發。

然而戰爭應如何準備呢？追求勝利的方法是什麼？整部孫子兵法的思想脈絡，可說是圍繞這兩大主題來開展的。大體說來孫子是以〈軍形篇〉及〈兵勢篇〉，爲其基本的理論基礎，輻射到其餘篇章而形成完整的謀略思想。所以「形」與「勢」是孫子謀略思想中的兩翼，也是研究孫子謀略思想的不二法門。李啓明說：

> 「形」是戰略態勢之體，「勢」乃戰略態勢之用，「用」必是「力」的表現。所以「勢」是戰略態勢施加於敵人心理物理兩方面之壓力。《孫子兵法與現代戰略》

李啓明用純軍事的眼光釋「勢」，雖失之狹隘，但其用戰略態勢的「體用」理論來解釋軍形與兵勢之間的互動關係，則是頗能架構孫子的軍事思想。

註一：先為不可勝：先建立一個使敵人無法獲勝的態勢。

以待敵之可勝：以等待（創造）機會勝敵。

例證：三國時，司馬懿與諸葛亮對壘，懿始終堅守不戰，亮遣使贈懿以女子衣物，懿不爲所動，但問亮衣食起居。亮死後，魏果滅蜀。

註三：蔣介石先生說：「形勢是客觀的，成之於人；力量是主觀的，操之再我。」

故善戰者，能為不可勝，不能使敵必可勝，故曰：勝可知，而不可為（註四）。

註四：意謂善戰者，先建立一個使敵人無法獲勝的態勢，但仍需創機戰勝敵人，在時機未成熟前，不可輕舉妄動。范蠡說：「時不至，不可強生；事不究，不可強成。」即是此意。

例證1：東漢建安十二年，諸葛亮隆中對策，重點在於必須天下有變（曹氏篡漢）後，才可能興復漢室，至於天下變不變，則非劉備所能掌握。（參閱〈兵勢第五〉註十二）

例證2：賈詡曾於魏文帝（曹丕）即位之初，建議文帝說：「攻取者，先兵權；建本者，尙德化。陛下應期受禪，撫臨士卒，若綏之以文德而俟其變，則平之不難矣！吳、蜀雖蕞爾小國，依阻山水，劉備有雄才，諸葛亮善治國；孫權識虛實，陸遜見兵勢。據險守要，汎舟江湖，皆難乎謀也。用兵之道，先勝後戰，故舉無遺策，臣料群臣無權備對，雖以天威臨之，未見萬全之勢也。」文帝不聽，黃初三年至六年（公元二二二年至二二五年）四度伐吳，終不能克，士兵死傷甚多。文帝臨江喟嘆，所乘龍舟遇暴風，險些翻覆。

不可勝者，守也；可勝者，攻也。守則不足，攻則有餘（註五）。

註五：意思是：所謂建立一個使敵人無法獲勝的態勢，這是屬於守勢戰略的作為；所謂等待甚至製造一個可以勝敵的契機，則屬於攻勢戰略的作為。但若一味強調守勢，由於備多力分，會處處顯得兵力不足；但若適時創機攻擊，由於目標單一，容易形成局部優勢，可以勝敵而有餘裕。所以說：「守則不足，攻則有餘。」

善守者，藏於九地之下；善攻者，動於九天之上（註六），故能自保而全勝也（註七）。

註六：九地，喻其深不可測；九天，喻其高不窺。

例證：二次大戰時，法國馬奇諾防線，可謂「藏於九地之下」。而德軍借道比、盧、突破色當，發揮凌厲無比之閃電攻勢，致聯軍無還手之力，又可謂「動於九天之上」。

註七：退守足以自保，進攻則能全勝。

見勝不過眾人之智，非善之善者也，戰勝而天下曰善，非善之善者也（註八），故舉秋毫不為多力，見日月不為明目，聞雷霆不為聰耳。

註八：為將必需有高於常人的見識，蓋戰爭勝敗之機，瞬息萬變，天下人皆曰善，未必是善；天下人都認為不可能，未必真不可能。

例證1：韓戰時，麥帥欲登陸仁川，其部下皆反對，蓋仁川絕非一適於登陸之地形。

例證2：拿破崙戰功彪炳時，受盡天下讚美和敬佩，一旦戰敗，立遭群眾非難，其馬車行處，民眾投擲石頭不斷。

古之所謂善戰者，勝於易勝也（註九），故善戰者之勝也，無智名、無勇功（註十）。

註九：勝於易勝：乃是指藉由完美的謀略指揮，「從容」的獲得勝利，重點在於「易」字，若屈力殫貨而獲致的勝利，只是「慘勝」而非「易勝」。

註十：無智名、無勇功：既無足智多謀的威名，亦無勇冠三軍的戰功。古云：「曲突徙薪無恩澤，焦頭爛額為上賓。」即指此。

例證：春秋時，鄭國商人弦高「止秦襲鄭」；戰國時，墨翟「止楚攻宋」皆無智名、無勇功。

故其戰勝不忒（註十一），不忒者，其所措必勝，勝已敗者也（註十二）。

註十一：不忒：不疑之意。

註十二：已敗：初露敗象的敵人。

例證：春秋魯莊公十年，曹劌論戰「吾視其轍亂，望其旗靡，故逐之。」

**故善戰者，先立於不敗之地，而不失敵之敗也（註十三）。**

註十三：意謂在敵人敗象初露之時，即掌握機會，戰勝敵人。

例證：一次大戰時，德、俄坦能堡會戰（西元一九一四年），德將興登堡洞察俄第一、二兩軍受馬蘇里湖地障影響，彼此不能聯繫，形成左右分離，乃採左翼一師對敵遲滯作戰，傾全力攻擊第二軍，而完成對俄軍之各個擊破。

**是故勝兵先勝，而後求戰；敗兵先戰，而後求勝（註十四）。**

註十四：蔣介石先生說：「真正的戰爭是打在開火之前，最後的勝利取決於準備之日。」

例證：西元一九八一年英、阿福島戰役，英國在戰前即取得一切優勢後，才訴諸武力；反之，阿根廷戰前評估與戰局發展，出入甚大，亦顯見其草率開戰，昧於現實的準備過程。

**善用兵者，修道而保法，故能為勝敗之政（註十五）。**

註十五：孟子曰：「得道者多助，失道者寡助。」賈林曰：「常修用兵之勝道，保賞罰之法度，如此則常爲勝，不能則敗，故曰：勝敗之政也。」參閱〈始計第一〉註五、註九。

**兵法——一曰度（註十六）、二曰量（註十七）、三曰數（註十八）、四曰稱（註十九）、五曰勝（註**

二十）；地生（註二一）度、度生量、量生數、數生稱、稱生勝。

註十六：度，判斷戰區之大小及戰線之容納量，而後確定戰爭目標。

註十七：量：賈林曰：「量人力多少，倉廩虛實。」有如今日之補給規模。

註十八：數：分數也，爲部隊組織。此指作戰構想及兵力部署。

註十九：稱：王晳曰：「權衡也。」權衡國內外形勢，而下達至當的決心。

註二十：勝：比較計算後，制定周密計劃，雖未戰，而已勝。

註二一：生：言其次第也，需循序漸進，有條不紊。

故勝兵若以鎰稱銖（註二二）；敗兵若以銖稱鎰。

註二二：鎰、銖均爲古代計重單位，一鎰爲二十四兩，一兩爲二十四銖，其間差五七六倍。用以形容力量之懸殊。

例證：一九九0年八月二日，伊拉克以三00輛坦克作前導，十七小時即滅科威特，可謂「以鎰稱銖」。

勝者之戰，若決積水於千仞之谿者，形也（註二三）。

註二三：形，形勢也。其潛能爲積水與千仞之相乘積。味其言，積水似指國內形勢，千仞似指國際形勢。

例證：二次大戰時（一九三九年），德國先佯與意大利解除盟約，又與蘇聯合作，以減少兩面作戰之不利，並設法離間英、法兩國，營造國際間有利形勢後，再以其強大之裝甲兵團，兩週內即滅亡波蘭。

## 兵勢第五：

### 一、原文：

孫子曰：凡治眾如治寡，分數是也；鬥眾如鬥寡，形名是也。三軍之眾，可使必受敵而無敗者，奇正是也；兵之所加，如以碫投卵者，虛實是也。

凡戰者，以正合、以奇勝。故善出奇者，無窮如天地，不竭如江河；終而復始，日月是也，死而復生，四時是也。聲不過五，五聲之變，不可勝聽也；色不過五，五色之變，不可勝觀也；味不過五，五味之變，不可勝嘗也。戰勢，不過奇正，奇正之變，不可勝窮也；奇正相生，如循環之無端，孰能窮之哉？

激水之疾，至於漂石者，勢也；鷙鳥之擊，致於毀折者，節也。是故善戰者，其勢險，其節短；勢如張弩，節如發機。

紛紛紜紜，鬥亂而不可亂也；渾渾沌沌，形圓而不可敗也。亂生於治、怯生於勇、弱生於強。治亂，數也；勇怯，勢也；強弱，形也。故善動敵者，形之，敵必從之；予之，敵必取之；以利動之，以卒待之。

故善戰者，求之於勢，不責於人，故能擇人任勢。任勢者，其戰人也，如轉木石。木石之性，安則靜、危則動。方則止、圓則行。故善戰人之勢，如轉圓石於千仞之山者，勢也。

二、語譯：

### 第五篇　兵勢篇

孫子說：一般說來，能做到治理眾多的人和治理少量的人一樣，是因爲有組織層級；能做到和眾多的人戰鬥與和少量的人戰鬥一樣，是因爲有指揮系統。帶領三軍兵眾，可以讓他接受敵人挑戰而不失敗的原因，是因爲善用奇正的關係；而軍隊攻擊敵人能夠像碫石投入雞蛋中一樣，是因爲掌握虛實的緣故。

一般作戰的原則，先以正面吸引敵人，然後出奇兵以致勝。所以善於出奇致勝的將帥，他的奇謀妙計就像天地般的無窮無盡，又像江河般的綿延不絕，像日升月落一般，終而復始；又像四季交替一樣，死而復生。音樂的聲符不過只有五個，但藉由這五個聲符的交錯變化所譜寫出的樂章，聽也聽不完；繪畫的顏色不過只有五種，但藉由這五種顏色的交錯變化所繪製出的畫作，看也看不完；烹飪的味道不過只有五種，但藉由這五種味道的交錯變化所調理出的菜餚，嚐也嚐不完。而戰爭的原理原則不過只有奇正兩項，但藉由這兩項原則的交錯變化所形成的的戰爭，研究也研究不完；奇正兩項原則相依而生，有如循環般的首尾相連，有誰能窮究呢？

水流湍急，能到達漂動石頭的程度，那是因爲水流之中所蘊積的能量所致；鷹鷲等猛鳥捕捉獵物，能將獵物的骨翼折毀，那是因爲它能將力量節制得恰到好處的緣故。所以善於處理戰爭事務的將帥，能夠隨機造勢，過程奇險無比，節制力量又能恰到好處，毫無間隙；勢力的能量就像是一把拉滿的強弓，已蓄勢待發，節制的時機又如將箭射出，須恰到好處。

在兩軍人馬雜沓，混亂交錯的時候交戰，仍應力持穩定而不可慌亂；在敵我狀況不明，與友軍又失去聯絡的時候交戰，則軍隊之部署更應力求周密而不可稍露敗象。表面的僞裝示亂，係用以欺敵，其實產生自嚴整的部署之中；表面的僞裝示怯，係用以欺敵，其實產生自果敢的勇氣之上；表面的僞裝示弱，係用以欺敵，其實產生自堅強的力量之內。部隊管理的嚴整或混亂，取決於部隊的組織與編制是否完善；部隊士氣的勇敢或怯弱，取決於將帥的審機與造勢是否得宜；部隊態勢的強大或弱小，取決於部隊的準備與部署是否確實。所以善於誘動敵人的將帥，示假形誤敵，敵人必然會跟從；施小利誘敵，敵人必然會受取；以小利來誘動敵人，再以實兵待敵而殲滅之。

所以善於處理戰爭事務的將帥，是先推求有利於戰爭的大時勢，當時機尚未成熟前，絕不苛責部屬，所以能選拔優秀的將領以順應時勢的發展。順應時勢的將帥，當其激勵士兵作戰時，就如同轉動木頭和石塊一樣，木頭和石塊的本性，安置平地時，則靜止不動；放置高危處，則自然滑動；方正的木石，靜止不動，圓形的木石，自然前行。所以善於激勵士兵氣勢的將帥，就如同將圓石從千仞之高的山上滾動下來，乃是氣勢的營造。

三、釋義：

**兵勢第五（註一）：**

孫子曰：凡治眾如治寡，分數是也；鬥眾如鬥寡，形名是也（註二）。

**註一：本篇題旨為：「營造原理與發機」**

勢是一種能或是一種力，如流水之於行船，風向之於紙鳶，是蘊藏在宇宙萬象裡的各種潛能，是客觀普遍而不分敵我的的存在，可爲任何人所用，所以說：「勢險」；又說：「勢如張弩」。這種潛藏的勢力，必須有效的節用，才有意義，能節用得恰到好處，毫無間隙者，稱爲「節短」，所謂：「節如發機」是也。

在〈始計篇〉中首先出現「勢」這個字眼，說：「**計利以聽，乃為之勢，以佐其外；勢者，因利而制權也**。」其中第一個勢被當作動詞用，是佈局、造勢的意思，係指依計而造勢，即節短之意；第二個勢被當作名詞用，闡述造勢佈局的指導原則，必須要「因利制權」。

計既需因勢而造，所以在計利前，須先明白勢在那裡？勢可以是國際社會縱橫捭合下的「大勢」；可以是社會人心歸向下的「趨勢」；可以是有形力量所形成的一種「態勢」，也可以是軍略地理下的

「地勢」，更可以是激兵勵士下的「氣勢」……等等。聰明的人懂得去運用各種不同的勢，而達到事半功倍的效果，稱爲「勢如破竹」。勢是可以透過人工，巧妙的加以創造及運用，稱爲「創勢」或「造勢」。勢是謀略巧拙，效益高低，戰爭勝負的關鍵。王晳註：「勢者，積勢之變也。善戰者，能任勢以取勝，不勞力也。」就是這個意思。

註二：曹操曰：「部曲爲分，什伍爲數。」「旌旗曰形，金鼓曰名。」皆指部隊的組織編組，及其指揮聯絡的方法。孫子認爲：透過組織，可以治眾如治寡；透過指揮，可以鬥眾如鬥寡。

三軍之眾，可使必受敵而無敗者，奇正（註三）是也；兵之所加，如以碫投卵者，虛實（註四）是也。

註三：奇、正；虛、實都是相對依存的概念。就結果論來說，所謂的奇正，其判斷的標準在於：我的企圖是否為敵人所知悉（或預期）？為敵人所知悉者，稱為正，謂之「正合」；不為敵人所知悉者，稱為奇，謂之「奇勝」。用兵必須奇正相生，前之奇可為後之正，前之正亦可為後之奇，有正無奇，或有奇無正，均非勝兵。

例證：西漢時，吳王劉濞擁兵入大梁。吳將田伯祿說吳王曰：「兵屯聚而西，無他奇道，難以立功，臣願得五萬人別循江淮而上，收淮南、長沙、入武關，與大王會此，亦一奇也。」不從，遂爲周亞夫所敗。此則有正無奇。

註四：虛、實是指力量分配的情形（參閱〈謀攻第三〉註六）。大體上，主力部署的地區為實，非主力部署的地區為虛，所謂「以碫投卵」是指：以我之實，攻彼之虛。

例證：韓戰時，麥帥登陸仁川，共軍無備，一路勢如破竹，正是以碫投卵。

**凡戰者，以正合、以奇勝。故善出奇者，無窮如天地，不竭如江河；終而復始，日月是也，死而復生，四時是也（註五）。**

註五：就戰術上說，正合是指正面會戰，其用意是從正面打擊或牽制敵軍；奇勝則是指出奇致勝，亦即在敵人所預料之外的時機或地點採取行動、使用敵人所料想不到的武器或戰法來打擊敵人或改變敵人所預想的戰爭型態等均屬之。

例證1：一九九二年，波斯灣戰爭沙漠風暴行動，史瓦茲柯夫的科西包圍案，先以海軍之航母戰鬥群於波斯灣地區佯動，迫使伊拉克之革命衛隊（五十萬大軍）皆沿波斯灣佈防，而不敢他調，是爲「正合」；聯軍之主力乃乘隙穿越科西沙漠無人地區，完成對伊拉克革命衛隊之迂迴包圍，終於迫使伊軍投降，是爲「奇勝」。

例證2：三國赤壁之戰，東吳先利用「反間計」殺蔡瑁、張允，用「連環計」鎖魏軍戰船，用「苦肉計」使黃蓋詐降，及曹操逃至華容道時，迭遭奇兵伏擊，一次又一次出奇致勝，堪稱不絕如江河。

聲不過五，五聲之變，不可勝聽也；色不過五，五色之變，不可勝觀也；味不過五，五味之變，不可勝嘗也（註六）。戰勢，不過奇正，奇正之變，不可勝窮也；奇正相生，如循環之無端，孰能窮之哉？

激水之疾，至於漂石者，勢也；鷙鳥之擊，致於毀折者，節也。是故善戰者，其勢險，其節短；勢如張弩，節如發機（註七）。

註六：五聲：宮、商、角、徵、羽。

五色：青、黃、赤、白、黑。

五味：酸、苦、甘、辛、鹹。

註七：曹操、李筌曰：「險，猶疾也。」「短，近也。」

物體漂水而行，其動能是來自水，而非物體本身，正如謀略任勢而行，效益亦有相加相乘的作用，問題是勢並非為謀略而存在，正如水並非為漂物而存在一樣，「勢如張弩」說明了其動能的無限性，謂之「勢險」，若無適當的節制，是無法為謀略所用的，能將「勢」剪裁成為謀略所用，謂之「創勢」，將謀略依大勢剪裁，謂之「任勢」。至於「節」是恰到好處的意思，能量身剪裁，謂之節短（中節），中節也是一種高度的節約，符合效益原理；正如鷙鳥捉魚，時間與距離應計算得恰到好處一樣，杜牧說：「節者，節量遠近則搏之，故能折毀物也。」就是這個意思。（參閱本篇註一）。

例證：二次大戰時，希特勒所以能以兩週解決波蘭，五天解決荷蘭，七天解決比利時，六週解決法國，而稱霸歐洲，乃是乘當時國際社會「姑息厭戰」之大勢及德國軍民「雪恥復國」之氣勢，過程真可謂「勢險節短」之至。

**紛紛紜紜，鬥亂而不可亂也；渾渾沌沌，形圓而不可敗也（註八）。**

註八：李啓明曰：「紛紛紜紜、渾渾沌沌，主在描述，戰況錯綜複雜、陣勢紊亂、犬牙交錯，奇正虛實不辨，情況渾沌不明。」形圓指部署週密，此段疑有錯簡。

**亂生於治、怯生於勇、弱生於強（註九）。**

註九：此即「能而示之不能」之意，見〈始計第一〉註十九以下。

**治亂，數也；勇怯，勢也；強弱，形也（註十）。**

註十：數，分數也。此指百官之職分與編組。

作戰中，戰力之強弱，及戰士之勇怯，泰半基於形勢之得失。得之，雖弱亦強，雖怯亦勇；失之，雖強亦弱，雖勇亦怯。

例證：伊拉克「革命衛隊」並非不能戰鬥，但聯軍陸戰發動後，均紛紛投降，蓋形勢輸人也。

**故善動敵者，形之，敵必從之；予之，敵必取之；以利動之，以卒待之（註十一）。**

註十一：參閱〈軍形第四〉註一。

例證：後漢大司馬鄧禹攻打赤眉，赤眉佯北，遺留輜重遍野，車輛盛裝泥土，表面覆蓋黃豆，禹軍缺糧、爭相搶索、隊形大亂、赤眉伏兵、乘勢攻擊、禹軍大敗。

**故善戰者，求之於勢，不責於人，故能擇人任勢（註十二）。**

註十二：見本篇註一，註六。

例證：東漢建安十二年（西元二〇七年），劉備三顧茅廬，諸葛亮隆中對策，原文如下：

**【一般狀況說明】**自董卓以來，豪傑並起，跨州連郡者，不可勝數。

**【敵情判斷】**曹操比於袁紹，則名微而眾寡，然操遂能克紹，以弱為強者，非惟天時，抑亦人謀也，今操已擁百萬之眾，挾天子而令諸侯，此誠不可與爭鋒。

**【世局研究】**孫權據有江東，已歷三世，國險而民附，賢能為之用，此可以為援而不可圖也。

**【地略情勢分析】**荊州北據漢、沔，利盡南海，東連吳會，西通巴蜀，此用武之國，而其主不能守，此殆天所以資將軍，將軍豈有意乎？益州險塞，沃野千里，天府之土，高祖因之以成帝業，劉璋闇弱，張魯在北，民殷國富而不知存恤，智能之士，思得明君。**【國家戰略構想】**將軍既帝室之胄，信義著於四海，總攬英雄，思賢若渴，若跨有荊、益，保其巖阻，西和諸戎，南撫夷越，外結好孫權，內修政理。**【行動方案】**天下有變，則命一上將將荊州之眾，以向宛、洛；將軍身率益州之眾，出於秦川，百姓孰敢不簞食壺漿以迎將軍者乎？

**【國家目標】**誠如是，則霸業可成，漢室可興矣！

這就是著名的〈隆中對〉，全篇脈絡清晰，體系分明，如層層剝筍，有條不紊，先從對一般狀況、敵情、世局、地略等局勢的確認與掌握後，再形成國家戰略構想及行動方案，以實現國家目標，也就是先求之於勢，再責求部屬之意，這是作謀略指導的人，所要特別注意的。

任勢者，其戰人也，如轉木石。木石之性，安則靜、危則動。方則止、圓則行。故善戰人之勢，如轉圓石於千仞之山者，勢也（註十三）。

註十三：戰人：激勵官兵的士氣。

孫子激勵士氣的方法是恩威並濟，恩的效果在於「可與之赴深谿」「可與之俱死」，威的效果在於「攜手若使一人」、在於「齊勇如一」，使上自將帥，下至士兵，皆能從一定之方針，而取一致之行動。但値得注意的是，爲彰顯其效用，有時甚至隱害而揚利，其目的無非是激勵官兵的士氣，其過程也正如與敵作戰一樣的驚險，所以孫子稱之爲「戰人」。〈兵勢篇〉：

> 木石之性，安則靜，危則動，方則止，圓則行。故善戰人之勢，如轉圓石於千仞之山者，勢也。

兵勢的獲得，除了平時嚴肅軍紀的基礎外，還要恰當的讓官兵感覺是置身於危險的環境中，才能激勵勇往直前之士氣，而達到克敵致勝之目的。張預註：「石轉於山，而不可止遏者，由勢使之也；兵在於險而不可制禦者，亦勢使之也。」就是這個意思。

例證：韓信背水破趙，項羽破釜沉舟，是成功的例子，馬謖街亭失守，是失敗的例子。

# 虛實第六：

## 一、原文：

孫子曰：凡先處戰地而待敵者佚，後處戰地而趨戰者勞。故善戰者，致人而不致於人。能使敵人自至者，利之也；能使敵人不得至者，害之也。故敵佚能勞之，飽能饑之，安能動之。

出其所必趨，趨其所不意。行千里而不勞者，行於無人之地也。攻而必取者，攻其所不守也；守而必固者，守其所不攻也。故善攻者，敵不知其守；善守者，敵不知其所攻。微乎！微乎！至於無形；神乎！神乎！至於無聲，故能為敵之司命。

進而不可禦者，衝其虛也；退而不可追者，速而不可及也。故我欲戰，敵雖高壘深溝，不得不與我戰者，攻其所必救也；我不欲戰，雖畫地而守之，敵不得與我戰者，乖其所之也。故形人而我無形，則我專而敵分。我專為一、敵分為十、是以十攻其一也，則我眾而敵寡。能以眾擊寡者，約矣！吾所與戰之地不可知，不可知，則敵之所備者多，敵之所備者多，則吾之所與戰者，寡矣！

故備前則後寡，備後則前寡；備左則右寡，備右則左寡。無所不備，則無所不寡。

寡者，備人也；眾者，使人備己者也。

故知戰之地，知戰之日，則可千里而會戰。不知戰地、不知戰日，則左不能救右，右不能救左，前不能救後，後不能救前，而況遠者數十里，近者數里乎！以吾度之，越人之兵雖多，亦奚益於勝哉？故曰：勝可為也，敵雖眾，可使無鬥。

故策之而知得失之計，作之而知動靜之理，形之而知死生之地，角之而知有餘不足之處。故形兵之極，至於無形，無形則深間不能窺，智者不能謀。因形而措勝於眾，眾不能知，人皆知我所以勝之形，而莫知吾所以制勝之形，故其戰勝不復，而應形於無窮。

夫兵形象水。水之形，避高而居下；兵之形，避實而擊虛。水因地而制流；兵因敵而制勝。故兵無常勢，水無常形，能因敵變化而取勝者，謂之神。故五行無常勝、四時無常位、日有短長、月有死生。

## 二、語譯：

### 第六篇　虛實篇

孫子說：一般說來，先到達戰地完成部署，再等待與敵人決戰的部隊，由於從容不迫，官兵可以得到充份的休息，所以整體戰力飽足安逸；至於後到達戰地尚不及完成部署，即奔走與敵人決戰的部隊，由於時間急迫，官兵無法得到充份的休息，所以整體戰力困頓疲勞。所以善於處理戰爭事務的將帥，是支配敵人而不被敵人所支配。能夠誘使敵人自行到達我所指定的位置，是因爲讓敵人覺得有利可圖；能夠阻止敵人不得到達我所指定的位置，是因爲讓敵人覺得會造成危害。所以當敵人戰力飽足安逸時，我能誘動敵人，使其疲於奔命；當敵人補給充足時，我能斷其補給，使其陷入饑餓；當敵人恃險安固時，我能挑戰敵人，使其陷於勞動。

出兵於敵人必然經過的道路，奔襲於敵人所不預期的時地。能行軍千里而不勞戰的原因，是因爲行軍於沒有敵人的地區。攻擊而能必然勝取的原因，是因爲攻擊在敵人沒有設防的地方；防禦而能必然固守的原因，是因爲防禦在敵人不敢攻擊的地方。所以善於攻擊的將帥，敵人不知從何防守起；善於防守的將帥，敵人又不知從何攻擊起。微妙啊！微妙啊！到了無跡可尋的地步；神奇啊！神奇啊！到了無聲可聞的境界，所以能作爲敵人命運的操控者。

能進攻而敵人無法防禦的原因，是因爲衝擊在敵人部署空虛的地方；能撤退而敵人無法追擊的原因，是因爲行動快速而敵人追趕不及。所以我軍意圖求戰，敵軍雖然有高險的堡壘及深長的壕溝，仍不得不出來與我軍決戰的原因，是因爲我軍能攻擊在敵軍必救的地方；我軍意圖不戰，雖然只是在地上畫一條線來防守，敵人還是無法與我軍決戰的原因，是因爲我軍能誤導敵軍的攻擊目標。所以能偵知敵軍部署，而我軍部署又能令敵人無從偵知，就能造成我軍力量集中，而敵軍力量分散的結果。我軍力量集中爲一，而敵軍力量分散爲十，也就是我軍用十分的力量去攻擊敵軍一分的力量，結果自然是我軍眾多而敵軍寡少了，能以眾擊寡的軍隊，獲勝是在預定之內的事。我軍意圖與敵軍接戰的地區，不可令敵人偵知，當敵軍無法偵知我軍意圖與敵軍接戰的地區時，那麼敵軍防備的地區必然會增多，敵軍防備的地區一增多，那麼與我軍決戰的兵力，就相對的減少了！

所以防備前方，那麼後方的力量就會寡少；防備後方，那麼前方的力量就會寡少；防備左方，那麼右方的力量就會寡少；防備右方，那麼左方的力量就會寡少。沒有地方不防備，那麼就沒有地方不寡少。力量寡少的原因，是因爲處處防備敵人；力量眾多的原因，是因爲使敵人處處防備我。

所以預先知道作戰的地區，預先知道作戰的時日，那麼就可以在千里外與敵人會戰。不能預先知道作戰的地區，不能預先知道作戰的時日，那麼即使是左方也不能救援右方，右方也不能救援左方，前方也不能救援後方，後方也不能救援前方，更何況救援的距離遠的有達數十里，近的也有數里啊！依照我的評估，越國的軍隊雖然眾多，又怎能有益於勝利呢？所以說：勝利是可以事先準備的，敵人雖然眾多，但卻可以運用謀略，使之無法戰鬥。

所以能預先加以評估，就能知道敵我計策的得失；能預先加以探測，就能知道敵軍企圖的概況；能預先加以偵察，就能知道接戰地形的兵要；能預先加以搜索，就能知道敵軍部署的有餘與不足之處。所以以謀略示形於敵的最高境界，乃是不拘泥於某種固定的形式，既然無固定的形式，即使是長期潛伏於我軍陣營內的敵間，也無法窺知；而敵方深謀遠慮的統帥，亦無法謀害我。依據此種「無形之形」的理念，可以在眾人面前發展出的各種追求勝利的措施，措施的表象雖然是人人能懂，但是這種深層的「無形之形」的理念，卻是眾人所不知道的。眾人都知道我在一場戰爭中所以能夠獲勝的表象，但是卻不知道我是如何去制定出這種獲勝的「無形」謀略，所以我能夠戰勝敵人，因爲我不會一味套用過去成功的模式，而是依據各種不同內、外在及主、客觀的條件，而個自發展出無窮無盡的謀略。

一般說來，兵的性質和水類似。水的性質是避開高處而往低處流；兵的性質則是避開敵人的堅實處而攻擊敵人的空虛處。水的性質是依據不同的地理形貌而調整水流；兵的性質則是依據不同的敵人而設計制勝的謀略。所以用兵之道並無恆常不變的定勢，正如水流沒有固定一致的流形一樣，能夠依據敵情不斷的變化，而隨時調整戰術戰法和兵力部署而取勝的將帥，可稱之爲神。所以金、木、水、火、土五行相生相剋，並非有一能經常獲勝，春、夏、秋、冬四季循環代謝，也沒有一定的定位，每日有明晦晝夜的變化，每月亦有陰晴圓缺的移轉。

## 三、釋義：

### 虛實第六（註一）

孫子曰：凡先處戰地而待敵者佚，後處戰地而趨戰者勞。故善戰者，致人而不致於人（註二）。

註一：本篇題旨爲：「應形原理與致敵」

所謂虛實，係指力量的強弱分佈，參閱〈兵勢第五〉註四。是領導者盱衡情勢後，重點使用力量的一種形式部署，是基於力量的節約及效益等概念所形成的思想，問題是如何知道何地應虛？何地又應實？過程固應「先知用間」（參閱〈用間十三〉註一）以明敵情，決策上更須「應形有機」以求幻化無窮。其中所蘊涵的要訣有二：一是致敵，即操主動之地位，以支配敵人的命運；二是無形，即不拘泥於某種固定的形式，隨機示形，故可如天地之無窮，江河之不盡。

現代戰略思想中的「不對稱戰爭」就是脫胎孫子的虛實觀念。所謂不對稱戰爭是指：「運用包含傳統及非傳統戰爭手段，以我方之強點，針對敵方特定弱點實施出其不意攻擊，藉以削減敵實力或擊敗敵國，創造有利我方形勢，獲得預期之政治目的。」其中所謂的強點即是本篇所謂的實，而非傳統的手段，則是屏棄對稱思維，賦予戰爭手段的無限性，也就是說國家與非國家行爲者，即使在與對方傳統力量極度懸殊的情況下，也可以利用一些低成本的，非傳統的手段，來規避強國和其強大的軍力，在強國無法掌握的方法下挑戰強國。如公元二〇〇一年回教激進領袖賓拉登對美國紐約世貿大樓所發動的「九一一恐怖攻擊事件」，就是最明顯的例證。

註二：佚通逸，致：拘束也。

例證：二次大戰時，日本對華發動戰爭，七七蘆溝橋事變後，日軍原欲沿平漢線、粵漢線一路南侵，中國勢危。蔣委員長則沉靜以對，主動發起「八一三淞滬會戰」，另闢第二戰場，引導日軍的進攻軸線爲由東線西，成功達成遲滯日軍作戰之目的。此後日軍侵華的整個戰爭指導，完全受到蔣委員長的拘束。

能使敵人自至者，利之也；能使敵人不得至者，害之也。故敵佚能勞之，飽能饑之，安能動之（註三）。

註三：戰勝之道，須主動誤導敵人的行動，使之誤認為有利而至，有害而不至，當敵人佔據有利地勢，安逸不出戰時，我能設法使其疲於奔命而勞苦之；敵人糧秣和補給充實時，我能斷其補給，而使之陷於饑餓。

例證1：戰國時，趙將李牧爲誘擊匈奴，縱放馬匹於原野，當匈奴小勝時，即佯敗，故意令匈奴虜部份趙兵，匈奴王單于大喜，誤認爲趙軍不堪一擊，乃率眾大舉來攻，李牧以預伏主兵，相機出擊，大破之，殺匈奴十萬騎，單于率殘部狼狽而逃，歲餘不敢再犯邊界。

例證2：戰國時，齊師孫臏圍魏救趙，魏師不得不回師自救。

出其所必趨，趨其所不意（註四）。行千里而不勞者，行於無人之地也。攻而必取者，攻其所不守也；守而必固者，守其所不攻也。故善攻者，敵不知其守；善守者，敵不知其所攻。微乎！微乎！至於無形；神乎！神乎！至於無聲，故能為敵之司命（註五）。

註五：必趨：《宋本十一家注孫子》作不趨，茲依《竹簡兵法》改，意謂攻敵於其必經之路，趨其所不意：即出其不意，攻其無備之意。

例證：三國時，曹操北征烏桓，謀臣郭嘉曰：「兵貴神速，今千里襲人，輜重多，難以趨利，且彼聞之，得以爲備，不如留輜重，輕兵兼道以出，掩其不意。」於是公乃密出盧龍塞，直指單于庭，虜卒聞公至，合戰，大破之，斬蹋頓及名王以下。

註五：無形：所謂無形，並非無一形可觀，而是不拘泥於某種固定的形式，即下文所稱「兵形象水」是也。蓋水可隨不同的容器，而有不同之形，而用兵亦應如此，方可使敵人產生一種莫測高深，無跡可尋的感覺。

敵之司命：謂操控敵人之命運。

何氏曰：「武論虛實之法，至於神微，而後見成功之極也。吾之實，使敵視之爲虛；吾之虛，使敵視之爲實。敵之實，吾能使之爲虛；敵之虛，吾能知其非實。蓋敵不識吾虛實，而吾能審敵之虛實也。」

例證：三國時，諸葛亮巧設空城計，司馬懿大軍兵臨城下而不敢攻入城內，是「空城計」已超乎孔明平素的「謹慎」之形，而使魏軍不知其所攻。

**進而不可禦者，衝其虛也；退而不可追者，速而不可及也（註六）。**

註六：例證1：韓信用兵，最善用奇，在還襲三秦諸役中（公元前二〇六年）先用部份兵力及民伕，明修連雲棧、風州棧，及清風閣，長達三百餘里之棧道；並派間諜至敵內部散佈假情報，又派周勃、柴武混入敵營，相機內應，然後以主力暗渡「故道水」，出大散關，急襲陳倉，再定雍城、櫟陽，不到一個月，三秦悉定。

例證2：二次大戰時，（西元一九四一年）隆美爾所率德軍，在阿拉敏受優勢英軍之壓迫，乃主動轉進，三個月內，撤退兩千哩，由於德軍行動機敏迅速、飄忽無常，以致英軍始終無法捕捉其主力。

**故我欲戰，敵雖高壘深溝，不得不與我戰者，攻其所必救也；我不欲戰，雖畫地而守之，敵不得與我戰者，乖其所之也（註七）。**

註七：例證1：一九一六年德軍第五軍團，對法凡爾登要塞攻擊，法軍不得不從各方面抽調部隊增援之，法軍雖有高壘深溝之要塞，不得不與德軍作戰，乃德軍攻其所必救也。

例證2：三國時，諸葛亮巧設空城計，司馬懿大軍兵臨城下而不敢攻入城內，是魏軍不知城內虛實，由於孔明乖其所之，雖畫地而守，魏軍仍不得與之戰。

**故形人而我無形（註八），則我專而敵分。我專為一、敵分為十、是以十攻其一也，則我眾而敵寡。能以眾擊寡者，約矣（註九）！**

註八：參閱〈軍形第四〉註一。

張預曰：「吾之正，使敵視以爲奇，吾之奇，使敵視以爲正，形人者也。以奇爲正、以正爲奇、變化紛紜、使敵莫測、無形者也。敵形既朏見，我乃合眾以臨之，我形不彰，彼必分勢以防備。」

註九：杜佑曰：「言約少而易勝。」

例證：二次大戰時，盟軍反攻西歐前，由於各種欺敵策略與行動奏效，使德軍西線總司令倫德斯特元帥敵情判斷錯誤，將其指揮的五十個步兵師與十個裝甲師中的三十六步兵師與九個裝甲師，部署在荷蘭至比斯開灣的羅利羽一帶而大部份部署於加萊區，致諾曼第一帶僅部署九個步兵師及一個裝甲師。故盟軍兵力得以集中部署，重點指向諾曼第，造成三比一之局部優勢而登陸成功。

吾所與戰之地不可知，不可知，則敵之所備者多，敵之所備者多，則吾之所與戰者，寡矣（註十）！

註十：例證：一次大戰初期，法軍集結重兵於亞爾薩斯、洛林地區，計劃與德軍決戰，不料德軍小毛奇卻率軍於萊茵河下游，假道比利時，侵入法境，致法軍不得不分兵北上增援，不僅南方兵力少，即使北方兵力，亦嫌不足。

故備前則後寡，備後則前寡；備左則右寡，備右則左寡。無所不備，則無所不寡。寡者，備人也；

眾者，使人備己者也（註十一）。

註十一：例證：二次大戰末期，由於德國無法判斷與盟軍決戰地區，致兵力分散於西歐、北非、義大利及俄國戰場，處處應戰，則處處顯得兵力不足。

故知戰之地，知戰之日，則可千里而會戰（註十二）。

註十二：例證：魏武帝（曹操）以北土未安，捨鞍馬、仗舟楫，與吳越爭強，是以有黃蓋之敗，漢吳王（劉濞）驅吳、楚之眾，奔馳於梁、鄭之間，此不知戰地、日者。

不知戰地、不知戰日，則左不能救右，右不左能救左，前不能救後，後不能救前，而況遠者數十里，近者數里乎（註十三）！

註十三：例證：二次大戰中，盟軍反攻諾曼第成功後，由於德軍無法判斷盟軍主力登陸的地點，致使加萊地區集結之德軍主力，不敢輕易馳援，更何況後方之德軍了。

以吾度之，越人（註十四）之兵雖多，亦奚益於勝哉？故曰：勝可為也，敵雖眾，可使無鬥（註十五）。

註十四：越人：按春秋時，吳、越兩國爲世仇，孫子在吳爲將，其兵法所指越國，乃敵國之意。

註十五：例證：苻堅以百萬而敗淝水，曹操八十三萬大軍而敗赤壁，蓋「兵在精而不在多」是也。

故策之而知得失之計，作之而知動靜之理，形之而知死生之地，角之而知有餘不足之處（註十六）。

註十六：策，算策也，有如今之情報判斷。作，激作也，有如今之威力搜索。形，孟氏曰：「形相敵情，觀其所據，則地形勢生死，可得而知。」即偵查地形之意。角，李筌曰：「角，量也。量其力精勇，則虛實可知也。」亦情報判斷之意。簡言之，策、作、形、角皆爲試探敵情之方法。

例證：一九一四年九月法軍於馬恩河會戰勝利後，追擊德軍至耶那河之線時，對德軍佔領之陣地，頗難判明其爲後衛或主力，經攻擊後，始知爲德軍之主力。

故形兵之極，至於無形（註十四），無形則深間不能窺，智者不能謀。因形而措勝於眾（註十五），眾不能知，人皆知我所以勝之形，而莫知吾所以制勝之形，故其戰勝不復（註十六），而應形於無窮。

註十四：形兵無形：謀略示形於敵之至高境界，是不可拘泥於某些固定的形式。所以別人成功的經驗，未必可以照單全收，因爲主客觀的環境已經改變。德國戰略學家克勞塞維茨認爲，研究戰史的目的有四：

（1）用於作爲某種觀念的解釋。

（2）用來顯示（舉例說明）一種觀念的應用。

（3）引證歷史事實，以支持一種陳述或證明其可能性。

（4）用以演繹出一種教條。

事實上，戰爭如人之面貌，世上絕無兩場完全一樣的戰爭，若照套戰史，只是兵匠，而非兵家。拿破崙也認爲：研究戰史乃在於獲得某些靈感與啓示，以創造更新之形，而達於無窮之境地。

註十五：措勝於眾：李啓明說：「一個有作爲的將帥，爲其所屬部隊策劃一個勝敵之形時，其部隊兵眾只知用以獲勝之形的表面，例如有形的任務編組、部署態勢等，而不知此形制勝之所以然也。」

註十六：梅堯臣曰：「不執故態，應形有機。」

例證：拿破崙擅長內線作戰指導，自西元一七九六年至一八〇七年間稱雄一時，但自一八〇七年後，普魯士名將沙崙赫斯特創外線作戰，以克制內線作戰，一八一三年在來比錫一役，外線終戰勝內線，拿破崙不得已退守法國境內，其戰術無變化，終至失敗。

夫兵形象水。水之形，避高而居下；兵之形，避實而擊虛。水因地而制流；兵因敵而制勝（註十七）。

註十七：「因敵制勝」是一個國家建軍、備戰、用兵的基礎。如果沒有敵人，就不需有軍隊，就不會有戰爭，更不必去作戰。李筌註：「不因敵之勢，吾何以制哉？」正是此意，這方面孫子是從伐謀、伐交、伐兵等三個層面來探討（請參閱〈謀攻第三〉註四—註七）。

故兵無常勢，水無常形，能因敵變化而取勝者，謂之神。故五行無常勝、四時無常位、日有短長、月有死生（註十八）。

註十八：此謂勝無常勝、敗無常敗。

例證1：少康「有田一成，有眾一旅」而稱中興；勾踐「十年生聚，十年教訓」終於復國。所以，弱可以爲強，強可以轉弱，關鍵在於謀略的巧拙。

例證2：一次大戰後，法國沉湎於勝利中，對於軍事思想及武器裝備不思精進，而德國卻秣兵厲馬、整軍經武、以圖復仇，致二次大戰開始，雙方一接觸，勝負強弱立見。

# 軍爭第七：

## 一、原文：

孫子曰：凡用兵之法，將受命於君，合軍聚眾，交合而舍，莫難於軍爭。軍爭之難者，以迂為直，以患為利。故迂其途而誘之以利，後人發，先人至，此知迂直之計者也。故軍爭為利，軍爭為危。

舉軍而爭利，則不及，委軍而爭利，則輜重捐。是故卷甲而趨，日夜不處，倍道兼行，百里而趨利，則擒三將軍，勁者先、疲者後、其法十一而至；五十里而爭利，則蹶上將軍，其法半至；三十里而爭利，則三分之二至。是故軍無輜重則亡、無糧食則亡、無委積則亡。故不知諸侯之謀者，不能豫交；不知山林、險阻、沮澤之形者，不能行軍；不用鄉導者，不能得地利。

故兵以詐立、以利動，以分合為變者也。故其疾如風，其徐如林，侵略如火，不動如山，難知如陰，動如雷霆。掠鄉分眾，廓地分利，懸權而動。先知迂直之計者勝，此軍爭之法也。

《軍政》曰：「言不相聞，故為金鼓；視不相見，故為旌旗。」夫金鼓旌旗者，所以一人之耳目也。人既專一，則勇者不得獨進，怯者不得獨退，此用眾之法也。故夜戰多火鼓、晝戰多旌旗，所以變人之耳目也。故三軍可奪氣，將軍可奪心。

是故朝氣銳、晝氣惰、暮氣歸，故善用兵者，避其銳氣，擊其惰歸，此治氣者也。以治待亂，以靜待譁，此治心者也。以近待遠、以佚待勞、以飽待饑，此治力者也。無邀正正之旗，勿擊堂堂之陣，此治變者也。

故用兵之法，高陵勿向，背丘勿逆，佯卻勿從，銳卒勿攻，餌兵勿食，歸師勿遏，圍師必闕，窮寇勿迫，此用兵之法也。

## 二、語譯：

### 第七篇　軍爭篇：

孫子說：一般用兵的法則，當將帥接受國君的任命後，即集結部隊，聚合兵眾，與敵軍對壘駐紮，沒有比軍事爭戰來得更困難的。軍事爭戰最大的困難點，是在於必須將迂迴曲折的遠路，當作迅速直接的捷徑；將不利爭戰的憂患，視爲扭轉戰局的契機。故意迂迴繞道，且能用小利誘動敵人；能做到比敵人晚出發而卻又能比敵人早一步進入戰場，這樣就可算是懂得迂直之計的道理了。所以軍事爭戰勝利固然可以殲滅敵人，以貫徹國家利益，但過程也是驚險萬分，處處危機，若不幸戰敗，更可能導致喪師覆國的命運。

率領全軍上下機動前進，攻取有利的軍事目標，可能導致行動遲緩而錯失戰機；但是若是留置部份兵力於後方，另率領主力部隊機動前進，攻取有利的軍事目標，可能造成兵力分離而輜重車輛被敵人所掠奪的結果。因此如果卸下重鎧而著輕裝疾行，日夜都不休息，加倍速度行軍，前往百里以外的地區去爭奪軍事利益，可能導致上、中、下三軍的將領被擒，而在此一過程中，強健者搶先而走，疲弱者落伍在後，用此方法大約只有十分之一的兵力可以抵達戰場；若是前往五十里以外的地區去爭奪軍事利益，可能折損上軍的將領，用此方法大約只有一半的兵力可以抵達戰場；若是前往三十里以外的地區去爭奪軍事利益，用此方法大約只有三分之二的兵力可以抵達戰場。所以軍隊若無後勤補給必導致敗亡、無糧秣水草必導致敗亡、無財貨儲藏必導致敗亡。所以平時若未作世局研究，不知各諸侯國的計劃謀略，則臨戰時將無法預先結交，引爲奧援。不預先偵察研究高山、茂林、險要、隘阻、濕地、水澤……等地表形貌以完成作戰準備的將帥，則無法指揮軍隊作戰，不晉用熟悉當地地形的人作爲軍事行動嚮導的將帥，則無法運用有利的地形。

所以用兵之道，須用詭詐的方法才能成功，爲追求利益方能有所行動，並利用分進合擊等戰術行動的交互變化，以求克敵制勝。所以部隊行動時，應該迅速，快如大風；行進靜止時，應嚴整有序，排列有如林木；攻敵時，應如野火燎原，熾熱猛烈；待機防禦時，又須慎固安重，穩如山嶽；軍事之謀略部署，應如陰雲避日，隱密難窺；奔襲行動時，又如九天驚雷，震憾動搖。將在戰爭中所擄獲及掠奪的財物，分享兵眾，以激勵士氣；將在戰爭中所攻略之土地，分封有功將領，以獎勵勞苦；依據國家利益，伺機而動。預先知道迂迴與直取應交互使用，以形成計謀的將帥，即可在戰爭中獲勝。這是軍事爭戰的一般法則。

《軍政》上面有記載說：「指揮大軍時，因傳達命令不容易聽到，所以使用鐘鼓作信號；因行進方向不容易見到，所以使用旌旗作識別。」鐘鼓旌旗的功能在於齊一官兵的行動。官兵既已齊一行動，那麼勇敢的人不能單獨前進，怯弱的人也不能單獨後退，這是指揮大軍的方法。所以夜間作戰時，多使用火炬戰鼓、白天作戰時，多使用旌旗，除可因戰局之變化，而指揮官兵行動外，另亦可用於變惑敵軍之耳目，而收到欺敵的效果。所以三軍的士氣可透過威嚇，而使之劫奪沮喪；將帥的心志，可透過搔擾，而使之震撼動搖。

一般軍隊初發的士氣，強盛淩銳；到了再作的士氣，已逐漸懈怠；至於衰竭的暮氣，人人思歸，已全無鬥志。所以善於用兵的將帥，避開敵軍初發的朝氣，而打擊敵軍思歸的暮氣，這是治理士氣的大原則；用我軍將帥心志的鎮定來靜待敵軍將帥心志的慌亂，用我軍軍心的靜穆來靜待敵軍軍心的譁亂，這是治理心志的大原則；用我軍近佔戰場的地利來靜待敵軍勞師襲遠的不利，用我軍安逸完備的部署來靜待敵軍疲於奔命的勞累，用我軍糧食的飽足來靜待敵軍糧食的短缺，這是治理體力的大原則；不可在敵軍旌旗嚴整，紀律申明時，與之會戰，也不可在敵軍盛大列陣，士氣高昂時，實施攻擊，這是治理權變的大原則。

所以用兵的一般法則，對於佔領丘陵高地的敵人，決不可仰攻；對於背後有丘陵爲依托的敵人，亦不宜輕易迎戰；對於佯敗退卻的敵軍，不可跟從追擊；對於敵軍精銳的主力部隊，不宜貿然攻擊；對於敵軍欲誘動我軍上鉤而施放的餌兵，亦不宜輕易攻擊；對於勞師久戰，急於速歸的敵軍，不可在其歸途攔截；包圍敵軍應留下一個缺口，供敵軍潰逃，我軍亦可尾追敵人，乘其亡命奔竄時，一舉而殲滅之；對於窮途末路的敵軍，則不可急於迫擊，以防其反噬。這是用兵的一般法則。

## 三、釋義：

**軍爭第七（註一）：**

**孫子曰：凡用兵之法，將受命於君（註二），合軍聚眾，交合而舍（註三），莫難於軍爭。軍爭之難者，以迂為直，以患為利（註四）。**

**註一：本篇題旨為：「會戰原則與迂直」**

張預說：「軍爭爲名者，謂兩軍相對而爭利也。」軍爭亦即「會戰」之意，相當今日「野戰戰略」之指導原則。當兩軍進入軍爭階段，即意謂著全面的武裝衝突已經爆發，也就是說雙方是訴諸武力來解決彼此的爭端，過程中的勝利者，將囊括雙方所有的資源，所以說：「軍爭爲利」；而失敗者將喪失一切，甚至覆國亡身，所以又說：「軍爭爲危」。這是一場典型的「零合遊戲」。如此重大的風險，使得敵對雙方絕不敢輕易從事，也突顯了「慎戰」與「廟算」的重要。

至於軍爭之法，則在於先知「迂直之計」，所謂「迂」是指謀略示敵之意，其要領已如前述，至於「直」是指直接打擊，是屬於野略建軍與用兵的層次。其實，如眾所周知，孫子的謀略思想是反對攻堅的，而只有在爲實現整體國略或軍略的迂，在野略的層次所實施的直接打擊，甚至攻堅，是孫子所不反對的，即所謂：「奇正相生」、「分合爲變」是也。亦即無正不足以爲奇，無合焉得以言分，無直則迂險而無助。

至於遂行直接打擊的力量，依篇內文意，歸納如下：

（一）補充力：（維持有效軍隊的能力）

軍無輜重則亡，無糧食則亡，無委積則亡。

（二）機動力：（部隊運動的能力）

其疾如風。

後人發，先人至。

（三）打擊力：（部隊殲敵取勝的能力）

侵掠如火。

動如雷霆。

(四)偵搜力：(偵查及搜索的能力)

不知山林、險阻、沮澤之形者，不能行軍；不用嚮導者，不能得地利。

(五)指通力：(指揮及通信能力)

軍政曰：「言不相聞，故為金鼓；視不相見，故為旌旗」。夫金鼓旌旗者，所以一人之耳目也。人既專一，則勇者不得獨進，怯者不得獨退，此用眾之法也。故夜戰多火鼓、晝戰多旌旗，所以變人之耳目也。

(六)士氣：

故三軍可奪氣，將軍可奪心。是故朝氣銳、晝氣惰、暮氣歸，故善用兵者，避其銳氣，擊其惰歸，此治氣者也。以治待亂，以靜待譁，此治心者也。以近待遠、以佚待勞、以飽待饑，此治力者也。

註二：君所代表的是國家戰略，將所從事的是野戰戰略。「將受命於君」即表示野戰戰略需接受國家戰略之指導。曹操曰：「軍門爲和門，左右門爲旗門，以車爲營曰轅門，以人爲營曰人門，兩軍相對爲交和。」

註三：舍，賈林曰：「止也。」即今紮營之意。兩軍交合而舍，即軍事對峙之意。

註四：「以迂爲直，以患爲利」在戰略階層重「謀略」，在戰術階層則重「奇襲」。

故迂其途，而誘之以利，後人發，先人至，此知迂直之計者也（註五）。

註五：迂直在野略運用上，即奇正之意。正是正面會戰；奇是出奇制勝。

例證：三國時，魏將鍾會、鄧艾率軍攻蜀，鍾會由正面攻擊，受阻於蜀將姜維之抵抗，進展緩慢；鄧艾率一部翻山越嶺，偷渡陰平、直趨成都，此爲「後人發，先人至」的最佳說明。

故軍爭為利，軍爭為危。舉軍而爭利，則不及，委軍而爭利，則輜重捐（註六）。

註六：舉軍爭利：指全軍出擊，攜行重裝備。

委軍爭利：指輕騎出擊，不攜行重裝備，所以說：「輜重捐」。

是故卷甲而趨（註七），日夜不處，倍道兼行，百里而趨利，則擒三將軍，勁者先、疲者後（註八）、其法十一而至；五十里而爭利，則蹶（註九）上將軍，其法半至；三十里而爭利，則三分之二至。

註七：卷甲而趨：即輕裝疾行之意。

註八：勁者先、疲者後：強健者走在前，疲弱者落在後。

註九：蹶是挫折、失敗之意。蹶上將軍是指前軍受挫。

例證：拿破崙於一八一二年攻俄作戰中，渡過尼門河時，統率部隊三十萬一千人，到達斯摩稜斯克時，尚有十八萬二千人，攻抵莫斯科外圍時，僅剩約十一萬人。

**是故軍無輜重則亡、無糧食則亡、無委積則亡（註十）。**

註十：輜重：指車輛、武器零附件及衣裝等重裝備。

委積：指財貨儲藏。《周禮》：「門官之委積，以待施惠。」

輜重、糧食、委積均爲現今之後勤補給。

例證：二次大戰中，德軍攻俄，德軍第六軍團進展迅速，乃因補給不繼，在史達林格勒被圍，終因彈盡糧絕而投降。此即德軍輕騎出擊，未預判戰爭會拖延持久，犯了「委軍爭利」的冒進錯誤。

**故不知諸侯之謀者，不能豫交；不知山林、險阻、沮澤之形者，不能行軍；不用鄉導者，不能得地利（註十一）。**

註十一：豫交：即預交，乃預先結盟之意。參閱〈謀攻第三〉註五。

鄉導：即嚮導。

例證：一九〇四年日、俄戰爭時，日軍對南滿地形，雖早曾測量，但並不十分正確，且誤差甚大，圖上有時雖僅幾公分，實地竟達數十公里，甚至若干地名亦不相符，而俄軍則無地圖可用，雙方多靠當地嚮導協助行軍作戰。

**故兵以詐立、以利動，以分合為變者也（註十二）。**

註十二：詐立：因詐而立，乃詭道之意。

利動：因利而動，乃因利制權之意。

分合爲變：杜牧說：「分合者，或分或合、以惑敵人，觀其應我之形，然後能變化以取勝。」

**故其疾如風，其徐如林，侵略如火，不動如山，難知如陰，動如雷霆（註十三）。**

註十三：疾如風：行動迅速快如風。徐如林：行止嚴整列如林。侵掠如火：攻敵行動猛如火。不動如山：待機防禦安如山。難知如陰：軍形如陰雲避日，隱密難窺。動如雷霆：行動如九天驚雷，震憾動搖。以上均爲戰術及戰鬥行動的要領。

**掠鄉分眾，廓地分利（註十四），懸權而動（註十五）。先知迂直之計者勝，此軍爭之法也。**

註十四：掠鄉分眾：將戰爭中所擄獲及掠奪的財物，分享兵眾，以激勵士氣。張預曰：「用兵之道，大率務因糧於敵，然而鄉邑之民，所積不多，必分兵隨處掠之，乃可足用。」

廓地分利：將戰爭中所攻略之土地，分封有功將領，以獎勵勞苦。

以上爲專制封建時期激勵士氣的方法，現今已不可用，否則與盜匪何異？目前世界各國均訂有專門鼓勵士氣的辦法，可資依循。

註十五：懸權而動：即因利制權。參閱〈始計第一〉註十七。

《軍政》曰：「言不相聞，故為金鼓；視不相見，故為旌旗」。夫金鼓旌旗者，所以一人之耳目也。人既專一，則勇者不得獨進，怯者不得獨退，此用眾之法也（註十六）。

註十六：軍政：指記載古代軍制的相關書籍，類似目前國軍的《教制令》。

金鼓旌旗：皆爲古代傳達命令的工具。

通信聯絡系統，爲部隊指揮之工具，相當於人體的神經系統，人體的神經系統若阻斷，人將陷於癱瘓，部隊的通信系統若阻斷亦然。蓋無指揮不成作戰，指揮命令的下達則需仰賴暢通的通信系統，當軍令能迅速傳達至各地後，才能要求貫徹命令，命令得到貫徹，才是精確的指揮。因此古今中外的備戰指導，均把建立暢通的通信系統，視爲首要工作。

例證1：清代，康熙皇帝所以能平定「三藩」之亂，原因之一是：康熙皇帝重建了北京到各地的驛站，使得康熙皇帝能夠透過驛站，在北京精確的掌握軍情，並迅速傳達軍令至各地。

例證2：戰國時，吳起率兵與秦國作戰，未戰之前，先令部隊按兵不動，有一勇夫獨入敵陣地，斬獲兩首級而回，全軍喝采，吳起以其違令，怒而斬之。

故夜戰多火鼓、晝戰多旌旗，所以變人之耳目也（註十七）。故三軍可奪氣，將軍可奪心。

註十七：變，歷來有兩種解釋：

（一）變化：

指我軍士兵依火鼓、旌旗所傳達之軍令，而變化其行動。古軍制：鳴金收兵，擊鼓前進。旌旗則顯示指揮官之所在，亦有表達行動路向之用意。

（二）變惑：

指藉由火鼓、旌旗的展示，以震撼敵人視聽，達到改變或迷惑敵人對我軍實力認知的目的。

例證：天寶末，李光弼以五百騎趨河陽，多列火炬，首尾不息，史思明有數萬眾，竟畏其聲勢而不敢近逼。

是故朝氣銳、晝氣惰、暮氣歸，故善用兵者，避其銳氣，擊其惰歸，此治氣者也（註十八）。

註十八：氣指軍隊的士氣；治氣是指掌握敵我士氣的強弱。

《左氏春秋》：「夫戰，勇氣也。一鼓作氣，再而衰，三而竭。」戰爭之勝負，士氣高低，常居於關鍵因素，治氣所揭示的正是掌握敵我士氣的原則。孫子認爲：初來之氣，是謂「朝氣」，朝氣盛銳；再作之氣，是謂「晝氣」，晝氣已漸懈怠；衰竭之氣，是謂「暮氣」，暮氣思歸，已無鬥志。孫子主張：銳氣應避，惰歸可擊，這是治氣的大原則。

例證：武德中，唐太宗（李世民）與竇建德戰於汜水東，建德列陣彌亙數里，太宗將數騎登高觀之，謂諸將曰：「賊度險而囂，是軍無政令，逼城而陣，有輕我心，按兵不出，待敵氣衰，陣久卒飢，必將自退，退而擊之，何往不克！」建德列陣，自卯至午，兵士飢倦，爭飲水，太宗曰：「可擊矣！」遂戰，生擒建德。

**以治待亂，以靜待譁，此治心者也（註十九）。**

註十九：心指將領的心志；治心指維持心志的鎮定。

戰場乃危疑與死生之地。在戰爭中，將領心志的鎮定，是安定軍心及謀略思考的基礎，這是「勇德」的表現，所謂「泰山崩於前而色不變」是也。將領心志能鎮定，則軍心必然靜穆，軍心靜，則紀律必然整治，以此以待敵之譁亂，這是治心的原則。

例證：東晉謝安，當苻堅率百萬大軍壓境之際，猶安然與朋友下圍棋，由於其胸有成竹、定靜安詳、臨危不亂、處變不驚，乃能穩定東晉民心士氣，而獲得最後的勝利。

以近待遠、以佚待勞、以飽待饑，此治力者也（註二十）。

註二十：力指軍隊的體力；治力指掌握敵我軍隊的體力。

在戰爭中，由於並無固定的時空背景，因此如何調節我軍的體力，使能充分休息，如何疲憊敵軍的體力，使不能充分休息，就是治力的原則。參閱〈始計第一〉詭道以下十四項。

例證：南宋劉錡於順昌擊敗金將烏祿，兀朮聞之，親率十萬大軍馳援，約七日抵順昌，時值盛暑，金兵兼程急進，人疲馬困，而宋軍大勝後，士氣正旺，敵軍初臨戰場，夜不解甲，而宋軍則輪班充分休息，並乘敵疲累不堪之際，傾力出擊，大獲全勝。

無邀正正之旗，勿擊堂堂之陣，此治變者也（註二一）。

註二一：變指奇正之變；治變是指掌握奇正之變的原則。

「無邀正正之旗，勿擊堂堂之陣」就戰術上來講，即是「避免攻堅主義」，奇正之變講究「以迂爲直」，因此要求避實擊虛，才能以最小的代價，獲致最大的戰果。參閱本篇註四、註五。

例證：春秋時，齊、魯長勺之戰，齊軍敗績，曹劌「視其轍亂，望其旗靡，故逐之」。

故用兵之法，高陵勿向（註二二），背丘勿逆（註二三），佯卻勿從（註二四），銳卒勿攻（註二五），餌兵勿食（註二六），歸師勿遏（註二七），圍師必闕（註二八），窮寇勿迫（註二九），此用兵之法也。

註二二：指敵在高處，不可仰攻。

例證：民國三十三年，滇西松山抗日之役，松山標高九五0公尺，山勢陡峻，地形複雜，日軍以三千人憑險固守，我軍先後使用兵力計三個師，攻擊逾三月，傷亡六千人始攻克。

註二三：指敵背有丘陵爲依托，不可迎戰。

例證：後周伐高齊，圍洛陽，齊將段韶築陣於邙坡山丘以待，周軍以步兵在前，登山逆戰，齊軍以騎兵誘敵，且戰且退，待周軍登山力疲，回馬攻擊，大破之。

註二四：指敵人佯裝退卻，不可追擊，以免中伏。

例證：唐乾元元年（公元七五八年），郭子儀等圍安祿山於衛州，安慶緒馳援，子儀列陣以待，預選射手三千人伏於壁內。既戰，子儀僞卻誘敵，賊果乘之，伏兵鼓噪震天，矢如雨下，賊驚駭逃遁，子儀追之，虜獲安慶和。

註二五：敵軍士氣正凌銳時，應暫避其鋒，不可強攻。

例證：三國時，劉備報關伐吳，氣勢凌銳，而陸遜拒不與戰，相持七、八月後，觀蜀兵連營七百里，皆傍山林下寨，乃密令士兵僭入縱火，蜀軍大亂，吳軍趁勢攻擊，劉備慘敗，死於白帝城。

註二六：以利誘敵，皆爲餌兵。

例證：曹公以「畜產」餌馬超；以「輜重」餌袁紹；以及晉桓溫北伐燕，慕容宙率騎一千爲餌，誘晉兵追擊，設伏而獲大勝，均屬之。

註二七：對於有計劃撤守之敵人，不可當路攔截，因彼等作業完善，必有充份之準備。

例證：曹操征張繡，一朝引軍退，繡欲追之，賈詡諫止，不聽，大敗而歸，問於詡，詡曰：「曹軍新退，操必親自斷後，追兵雖精，將既不敵，彼士亦銳，故知必敗。」繡乃服。

註二八：包圍敵人後，應留一缺口，以誘使敵人突圍，而設法擊滅之。

例證：李光弼戰史思明於土門，賊不支退守城，李軍四面圍城，久攻不克，光弼令開東南角，賊乃棄甲急逃，李軍追之，盡殲其眾。

註二九：對於窮途末路的敵人，不可急於迫擊，以防反噬。

例證：五代時，晉將苻彥卿、杜重威經略北疆，遇戎兵十萬，被圍於中野，缺水，人馬饑渴死甚眾，彥卿不願束手被擒，乃率勁騎出擊，適値風塵飛揚，視力不清，晉軍乘勢決戰，戎兵大潰，圍遂解。

## 九變第八：

### 一、原文：

孫子曰：凡用兵之法，將受命於君，合軍聚眾。圮地無舍，衢地合交，絕地勿留，圍地則謀，死地則戰。塗有所不由，軍有所不擊，城有所不攻，地有所不爭，君命有所不受。故將通於九變之利，知用兵矣；將不通九變之利者，雖知地形，不能得地之利矣。治兵不知九變之術，雖知地利，不能得人之用矣。

是故智者之慮，必雜於利害。雜於利，而務可信也；雜於害，而患可解也。是故屈諸侯者以害，役諸侯者以業，趨諸侯者以利。

故用兵之法，無恃其不來，恃吾有以待之；無恃其不攻，恃吾有所不可攻也。

故將有五危：必死可殺，必生可虜，忿速可侮，廉節可辱，愛民可煩。凡此五危，將之過也，用兵之災也。覆軍殺將，必以五危，不可不察也。

### 二、語譯：

孫子說：一般用兵的法則，當將帥受領國君的指令後，即開始集結部隊，聚合兵眾。在水淹過的泥濘地區地區，不可以宿營久駐。在四通八達，交通便利的地區作戰，應與其他鄰近國家合縱締交。在交通不便，給養困難的地區作戰，不可以戀戰久留。在被敵軍四面包圍，孤立無援的地區作戰，應發其謀，始可脫困。在無法生還的必死之地作戰，必須奮起決戰，以圖死裡求生。軍隊攻敵趨利，為求出奇制勝，許多敵人所預期的大道，須捨而不走。敵軍有時不宜攻擊，或不必攻擊，須視全程作戰構想，而有所不擊。敵城有時攻擊無益大局，不攻也無損大局，可視全程作戰構想，而有所不攻。敵地有時得之無益大局，不得也無損大局，可視全程作戰構想，而有所不爭。在戰場上，情勢千變萬化，為追求國家利益，將領有時可不拘泥於君命。所以將帥要能夠通曉通權達變的益處，才算熟知用兵之術了；將帥若不能夠通曉通權達變的益處，雖然熟知戰區的地形，也無法獲得地形的益處；將帥治理軍隊，若不能夠通曉通權達變的方法，即使佔有地利，也無法將人的價值效用發揮出來。

所以有智謀的將帥，對於謀略的思慮，必須交雜利害兩方面的考量。對於有利一方的考慮，可使謀略更具可行性；對於有害一方的考慮，也可使潛在憂患得以預先化解。所以若想要阻止諸侯的企圖，應示之以害；想要疲憊諸侯的國力，應使之忙於內亂；想要引導諸侯的行動，則應誘之以利。

所以用兵的基本法則，是不能依靠敵人不來攻打而苟安，而是應該依靠自己有充份的準備與堅實的力量以待敵；不能依靠敵人不來攻打而苟安，而是應該依靠自己有充份的準備與堅實的力量，使敵人找不到可攻的空隙。

所以作爲一名將帥，在性格上有五種危機：有勇無謀，一味求死，必爲敵人所擒殺；貪生怕死，苟安怯懦，必爲敵人所俘虜；剛愎自用，急躁偏激，則可用計激怒而加以凌侮；廉節自尚，沽名釣譽，則可用計抹黑而加以羞辱；慈民愛眾，婦人之仁，則可用計襲擾而使之煩憂。這五項危機，是身爲將帥性格的缺失，將導致用兵的災難。軍隊覆滅和將帥被殺，必然是因這五項危機所引起，不可不詳察謹慎。

## 三、釋義：

### 九變第八（註一）：

孫子曰：凡用兵之法，將受命於君，合軍聚眾（註二）。圮地無舍（註三），衢地合交（註四），絕地勿留（註五），圍地則謀（註六），死地則戰（註七）。塗有所不由（註八），軍有所不擊（註九），城有所不攻（註十），地有所不爭（註十一），君命有所不受（註十二）。故將通於九變之利，知用兵矣；將不通九變之利者，雖知地形，不能得地之利矣（註十三）。治兵不知九變之術，雖知地利，不能得人之用矣（註十四）。

**註一：本篇題旨為：「彈性原理與應變」**

古人以「九」爲數之極也，因此，古書中表達不特定的極多數，是以九來形容，例如：「九天」、

「九地」、「九陰」、「九陽」……等均是，「九變」亦然。所謂九變，亦即千變萬化之意。

如道家所言，「變化」是宇宙的基本特質之一，「兵事」作爲宇宙的現象之一，自然也不例外，宇宙既有無窮無盡的變化，人事就有無止無涯的「因應」，在兵事上，是謂「制權」，亦即「彈性」之意，本篇：「智者之慮，必雜於利害。」，可視爲通篇主旨。簡言之，謀略的思考，須保持強大的彈性，才能在千變萬化的國際環境中，正確的因應。

此外，客觀事物是在「時間」的流轉中，見其變化，而謀略是一種主觀思考，除了時間因素的掌握外，空間也是其思考的座標之一。而空間，孫子稱之爲地，〈九變〉以下四篇，均以地形研究爲主，其要旨是彰顯地理環境與力量及時間因素的關係。

註二：即將領受領國君指令，徵集兵眾，以執行作戰任務。

註三：圮音ㄆㄧˇ，水淹泥濘之地爲圮地，舍是宿營，水淹泥濘之地，既不衛生，行動也不方便，不適合停止宿營。

例證：抗戰時蘇北的「黃氾區」，即屬圮地。

註四：四通八達之地爲衢地。衢地通常位於交通要衝，往來各地均方便，是兵家必爭之地。在衢地作戰必須聯合鄰近諸國，與敵交戰。

例證：如中國春秋末期的鄭國（今河南鄭縣），及現今江蘇的徐州，歐洲的比、盧、荷三國等，在歷史上，經常為列強交侵之地，為陸上衢地；台灣及中南半島諸國，控扼大陸出海的鎖鑰，為陸海衢地；南中國海則是印度洋通太平洋的必經之路，為海上衢地。

註五：絕地：危絕之地，指交通不便，給養困難之地。此種地形不能久留。

註六：圍地：居四險之中為圍地，此種地形，敵可往來，我難出入。居此地形，應發奇謀，始能脫困。

例證：漢高祖為匈奴圍於白登，用「陳平奇計」才脫困；金兀朮被韓世忠困於黃天蕩（今南京八卦洲東南），用船夫獻策，掘老鸛河而突圍。

註七：死地：無法生還，必死之地。居此地形，必須奮力決戰，以圖死裡求生。

例證：楚、漢之際，韓信背水列陣，先置軍隊於死地而大破趙軍。

註八：塗：同途，即路途之意。由：經過之意。軍隊攻敵趨利，須選擇最有利於任務遂行的道路，許多敵人所預期的大道，常捨而不走。

例證：韓信「明修棧道，暗渡陳倉」。參閱〈虛實第六〉註六例證1。

註九：敵軍有時不宜擊之，或不必擊之，須視全程作戰構想，而有所擊，有所不擊。

例證：民國二十六年，中、日八一三淞滬會戰，國軍是以吸納日軍主力於淞滬地區爲其戰略目標，待日軍主力投入後，就應逐步撤守，不可戀戰。

註十：敵城有時攻之無益大局，不攻亦無損大局，可視全程作戰構想，而有所不攻。

例證：一次大戰時，德軍於一九一四年八月入侵比利時，爲速調主力入法，對於列日及奈爾姆兩城，僅以預備隊監視之，而未進行攻擊。

註十一：敵地有時得之無益大局，不得亦無損大局，可視全程作戰構想，而有所不爭。

例證：一、二次世界大戰，德軍橫掃歐洲，唯獨對瑞士一國，略而不爭，是德軍以爲瑞士之得失，無關大局，無須耗費兵力仰攻之。

註十二：在戰場上，情勢千變萬化，基於國家利益，將領有時可不拘泥於君命。

註十三：將領不知通權達變，即使佔據有利地形，也無法善用地形的效益。

例證：二次世界大戰時，法國的馬奇諾防線，雖然佔盡地利之便，但由於主其事者，在德軍取道比、盧，突破色當後，仍不知通權達變，反而牽制了九十萬大軍不能轉移運用，而種下了敗因。

註十四：將領治兵，不知因應地形與官兵心理的互動而通權達變，即使可以善用地形的效益，卻無法激發官兵的最大潛能。

例證：三國時，馬謖奉命據守街亭，馬謖雖知控領制高點的地利，但卻無法在蜀兵斷水被圍的死地中，適切的通權達變，以激勵官兵奮戰求生的潛能，終於兵敗受刑。

**是故智者之慮，必雜於利害（註十五）。雜於利，而務可信也；雜於害，而患可解也（註十六）。是故屈諸侯者以害，役諸侯者以業，趨諸侯者以利（註十七）。**

註十五：謀略的思考，必須理性客觀，兼及於利、弊的評估與判斷，不可只見其利，不見其弊；也不可只見其弊，而不見其利。

註十六：信：申也。評估其符合國利，即顯示其計劃可以申行；評估其有害於國，則其憂患亦可事先加以化解。

例證：周慎靚王五年（公元前三一六年），司馬錯與張儀爭論於秦惠王前。司馬錯欲伐蜀。

張儀曰：「不如伐韓！」

王曰：「請聞其說。」

（張儀）對曰：（伐韓案）

【計劃構想】親魏、善楚，下兵三川，塞轘轅、緱氏之口，當屯留之道，魏絕南陽，楚臨南鄭，秦攻新城、宜陽，以臨二周之郊，誅周主之罪，侵楚、魏之地。

【利】周自知不救，九鼎寶器必出，據九鼎，按圖籍，挾天子以令天下，天下莫敢不從，此王業也。

【弊】今夫蜀，西僻之國，而戎、狄之長也。敝名勞眾，不足以成名；得其地，不足以為利。臣聞爭名者於朝，爭利者於市，今三川、周室，天下之市朝也，而王不爭焉，顧爭於戎、狄，去王業遠矣！

司馬錯曰：「不然！」（伐蜀案）

【計劃構想】臣聞之：欲富國者務廣其地，欲強兵者務富其民，欲王者務博其德，三資者備，而王隨之矣。今王之地小，民貧，故臣願從事于易。

【利】夫蜀，西僻之國，而戎、狄之長也，而有桀紂之亂，以秦攻之，譬如使豺狼逐群羊也。取其地，足以廣國也；得其財，足以富民。繕兵不傷眾，而彼已服矣！故拔一國，而天下不以為暴；利盡西海，諸侯不以為貪；是我一舉而名實兩附，而又有禁暴止亂之名。

【弊】今攻韓，劫天子，劫天子，惡名也，而未必利也，又有不義之名，而攻天下之所不欲危。臣請謁其故：周，天下之宗室也；韓，周之與國也。周自知失九鼎，韓自知亡三川，則必將二國并力合謀，以因乎齊、趙，而求解乎楚、魏，以鼎與楚；以地與魏，王不能禁，此臣所謂危，不如伐蜀之完也。

惠王曰：「善。寡人聽之。」

卒起兵伐蜀。十月取之，遂定蜀，蜀主更號爲侯，而使陳莊相蜀。蜀既屬，秦益強，富厚，輕諸侯。

——《戰國策・秦策》

張儀、司馬錯兩人的不同主張，可視爲現今國家戰略構想裡的不同擬案，張儀主張伐韓，進而併吞周室，是「鯨吞案」；司馬錯主張伐蜀，先求增強國力，徐圖再舉，是「蠶食案」，其共同的背景是：「巴、蜀相攻擊，俱告急於秦，秦惠王欲伐蜀，以爲道險陿難至，而韓又來侵，猶豫未能決。」（資治通鑑・周紀）兩案均有充份的利弊分析，當時司馬錯爲客卿，張儀則貴爲相國，地位在司馬錯之上，而秦惠王能只基於國家利益的合理判斷，而判行司馬錯的伐蜀案，顯見秦國已有了完備的決策過程。

基本上，秦國的基本國家目標是「統一中國」，其階段的國家目標則爲「連橫六國」，所以需要這樣的階段目標，即因其力量不夠，從張儀「誅周主之罪」，仍需「親魏善楚」，需要「魏絕南陽、楚臨南鄭」的支援看來，秦國力不足的現象，並未獲得改善，但伐韓案卻將完全破壞其階段目標，其過程又充滿著猜測與臆想，諸如：假使魏不親、楚不善，或中途變卦，秦將何以善後？至於「侵楚、魏之地」「據九鼎，按圖籍，挾天子以令天下，天下莫敢不從」更近乎幻想。相較之下，伐蜀案顯得可行多了，蜀是當時的「西僻之國」，加上「道險陋難至」，是引不起當時國際社會太多的注意，更何況當時巴、蜀俱告急於秦，所以秦之出兵，有「禁暴止亂」之美名，且秦、蜀力量懸殊，對蜀用兵，兵不頓而利可全，而得蜀地足以廣國富民，有助於其國家基本目標的達成。這種利弊的充份分析，才是一種完備的謀略決策過程。

註十七：欲阻止諸侯的企圖，應示之以害；欲疲憊諸侯的國力，應使之忙於內亂；欲引導諸侯的行動，則應誘之以利。

註十八：恃：憑恃、依靠之意。世界各國加強國防的目的，即在於「吾有以待之」「恃吾有所不可攻也」。

故用兵之法，無恃其不來，恃吾有以待之；無恃其不攻，恃吾有所不可攻也（註十八）。

故將有五危：必死可殺（註十九），必生可虜（註二十），忿速可侮（註二一），廉節可辱（註二二），愛民可煩（註二三）。凡此五危，將之過也，用兵之災也。覆軍殺將，必以五危，不可不察也（註二四）。

註十九：必死：指有勇無謀、單憑血氣之勇者。

例證：王莽地皇三年（公元二二年），王莽部將甄阜、梁丘賜與劉縯（伯升）戰，阜、賜留輜重於藍鄉，引精兵十萬南渡潢淳，臨沘水，阻兩川間爲營，並絕後橋，示無還心，劉伯升先夜襲藍鄉，獲其輜重後，再引下江兵共攻阜、賜，遂斬之。

註二十：必生：指貪生怕死，毫無鬥志者。

例證：晉劉裕與桓玄戰，玄兵力原較劉裕優勢，但桓玄怕死，在大戰船旁攜帶一救生小艇，以備逃生之用，結果士無鬥志，而劉軍乘風縱火，玄軍大潰。

註二一：忿速：忿者，剛怒也；速者，偏急也。

例證：二次大戰時，希特勒曾說過，他寧願拔掉三、四顆牙齒，也不願再與佛朗哥會談。事起因於希特勒希望能說服西班牙參戰，並遵從德國佔領直布羅陀海峽的計劃，因此一九四一年十月廿三日，與佛朗哥在西、法邊境的大葉車站，舉行冗長的會談，佛朗哥故意遲到一個多小時，並於會談中，不斷消磨希特勒的耐性，偶而還會要求翻譯員從新翻譯，據說希特勒曾一度跳起來，如此歷經了四小時後，希特勒終於放棄了努力。（美聯社電，聯合報六四、十、廿一載）

註二二：廉節：指廉節自尙，徇名不顧者。

例證：楚漢相爭時，陳平用鉅金離間項羽左右能將，范增以忠信自守而遭項王疑，乃大怒曰：「天下事大定矣！」遂請辭歸里而病死。

註二三：愛民：愛民慈眾，惟恐傷士勞卒者。

例證：三國時，劉備棄守襄陽、樊城後，攜十數萬百姓與軍隊同行，以致軍隊行動緩慢，造成妻離子散，幾乎全軍覆滅。

註二四：以上五者，原爲武德必具之要項，但若拘泥過深，不知變通，亦可能造成覆軍殺將的命運，所以說：「用兵之災也」。

兵學爲權變之學，原無一定的軌跡，武德、軍形是方便初學者的學習，在瞬息萬變的戰場中，如何審機度勢，應變致敵？才是最後的目的。目的是不變的，但方法必須多變，甚至武德、軍形在必要時，亦應放棄，不可拘泥，這是全篇之要旨。

# 行軍第九：

## 一、原文：

孫子曰：凡處軍相敵：絕山依谷，視生處高，戰隆無登，此處山上之軍也。絕水必遠水，客絕水而來，勿迎於水內，令半濟而擊之；欲戰者，無附於水而迎客，視生處高，無迎水流，此處水上之軍也。絕斥澤，惟亟去勿留；若交軍於斥澤之中，必依水草，而背衆樹，此處斥澤之軍也，平陸處易，右背高，前死後生，此處平陸之軍也。凡此四軍之利，黃帝之所以勝四帝也。

凡軍好高而惡下，貴陽而賤陰，養生而處實，軍無百疾，是謂必勝。丘陵隄防，必處其陽，而右背之，此兵之利，地之助也。上雨水沫至，欲涉者，待其定也。凡地有絕澗、天井、天牢、天羅、天陷、天隙，必亟去之，勿近之。吾遠之，敵近之；吾迎之，敵背之。軍行有險阻、潢井、葭葦、林木、翳薈者，必謹覆索之，此伏姦之所處也。

敵近而靜者，恃其險也；遠而挑戰者，欲人之進也；其所居易者，利也。衆樹動者，來也；衆草多障者，疑也。鳥起者，伏也；獸駭者，覆也。塵：高而銳者，車來也；卑而廣者，徒來也；散而條達者，樵採也；少而往來者，營軍也。辭卑而益備者，進也；辭詭而強進驅者，退也；無約而請和者，謀也。輕車先出，居其側者，陣也；奔走而陳兵者，期也；半進半退者，誘也。杖而立者，饑也；汲而先飲者，渴也；見利而不知進者，勞也。鳥集者，虛也；夜呼者，恐也；軍擾者，將不重也；旌旗動者，亂也；吏怒者，倦也。殺馬肉食者，軍無糧也；懸甀不返其舍者，窮寇也。諄諄翕翕，徐與人言者，失眾也；數賞者，窘也；數罰者，困也；先暴而後畏其眾者，不精之至也。來委謝者，欲休息也；兵怒而相迎，久而不合，又不相去，必謹察之。

兵非貴益多也，惟無武進，足以併力料敵取人而已。夫惟無慮而易敵者，必擒於人。卒未親附而罰之，則不服，不服則難用。卒已親附而罰不行，則不可用。故令之以文，齊之以武，是為必取。令素行以教其民，則民服；令不素行以教其民，則民不服；令素行者，與眾相得也。

## 二、語譯：

### 第九篇　行軍篇

孫子說：一般部署軍隊及偵察敵情的方法是：當越過山地時，應沿著河谷前進，佔據面向出入自如的生地而控領可以瞰制敵情的制高點，當敵軍已先我佔據有利的高地後，不可正面仰攻，這是從事山地作戰的一般原則。渡河登陸後，應迅速向前挺進，避免聚集於河岸附近，以免阻礙後續船團的搶灘；至於敵軍若渡河來襲，不宜至河中迎戰，應先令半數敵軍上岸，另半數敵軍仍在水中，乘其陣式未成，兵力分離之際，一舉而攻滅之；當決定與敵軍作戰之時，亦不宜沿河岸佈兵迎敵，而是應佔據後方出入自如的生地，並控領可以瞰制敵情的制高點，尤忌於河川下游之處迎敵，這是從事河川作戰的一般原則。當橫越低窪的沼澤地帶時，應迅速脫離而不可駐留，若不得已必須在低窪的沼澤地帶作戰時，應佔領水草林木茂盛之地，這是從事沼澤作戰的一般原則。至於在平原作戰，應部署於出入方便且交通發達的地區，右翼主力應有較高之地為依托，平原陣地應選擇在敵接近我難，而我出入方便的生地，這是從事平原作戰的一般原則。這四種作戰原則，是黃帝用來戰勝四方諸侯而能統一天下的戰法。

一般軍隊的駐地，以高險的地形為佳，以低濕的地形為差；以南面向陽的地形為佳，以北面背陽的地形為差；選定水草豐盛的地區給養，選定地質堅實的地區駐紮，能遵照以上要領實行，則百病均無從感染，戰力必強，這是必勝之道。在丘陵或隄防上駐守，一定要選擇向陽而右翼主力有依托之處，如此方可充分獲取用兵的大利，並彰顯地形在作戰中的助益。當行軍渡河時，發現上游降雨而水上漂浮大量泡沫，這是洪水暴漲的徵兆，若必須渡河，則應等待水勢穩定之後。凡是地形上有前後皆斷崖峭壁，又水橫其中，險峻而難以通行的地形、或四面險峻而中央凹陷的地形、或四面山林環繞，易進難出，如牢獄般的地形、或草木荊棘叢生，進退兩難，兵器難以施展，如羅網一般的地形、或地質鬆軟，溝渠縱橫，難以通行，如陷阱般的地形、或兩山接隙，洞狹道惡的地形，都應迅速脫離，不可靠近。我軍須迅速脫離這些地形，但可誘使敵人接近；我軍可面向這些地形，作為敵軍攻我的阻礙；另可迫使敵軍背向這些地形，使其退無去路。

凡是軍隊行進至高山險要的地區、或水草叢生的沼澤、或蘆葦漫生的水濱、或野草雜生的曠野，都應謹慎而反覆的搜索，這是敵人伏兵及奸細藏身的處所。

　　敵軍距離我近而又安靜不動，乃是因爲憑恃地形的險要；敵軍遠道而來卻屢次挑戰，乃是想要誘我出擊；敵不據守險要，反而於平坦之地立營下寨，乃是施放餌兵，要誘我出戰。遙見眾樹動搖，乃是敵軍斬木清道，想來接近偷襲我；敵軍結草爲障，乃意在使我懷疑有伏兵。遙見遠方有群鳥驚飛，則其下必有伏兵；有野獸奔逃，則必有敵軍潛行，要來偷襲傾覆我。遙見塵土高揚而末端尖銳，是敵車隊來攻的形跡；塵土低揚而範圍廣闊，是敵步兵來攻的形跡；塵土分散各處且細小斷續者，乃是敵軍採薪炊物的形跡；塵土少揚且見人員往來，乃是敵軍營造房舍的形跡。敵軍派來之使者，若言辭謙卑，但內部卻暗中加緊備戰，乃是有進犯我的意圖；若言辭閃鑠，態度強硬，且有脅迫進軍的表示，則是退卻的徵兆；無具體的交換條約，卻前來請和者，必定是有所圖謀。見敵戰車先出，而位居陣營的兩側，乃是定戰場疆界，藉以佈陣的前兆；見敵軍往來奔走，急於佈陣，乃是與他軍有所期約，欲合力攻我；敵軍欲進不進，欲退不退，時進時退，半進半退，乃是欲引誘我出擊。見敵軍倚仗矛戟而站立，可知其饑餓無力氣；見敵士兵汲水先飲，可知其全軍甚渴；有可取的物品散置，而敵士兵卻不願拾取，可知其體力疲勞。見飛鳥聚集於敵軍營寨附近，可知敵軍已退，營舍空虛；敵士兵夜晚驚叫，可知其內心恐懼；敵軍紛擾，軍紀紊亂，可知其將帥威嚴不足；敵軍旌旗擺動不定，可知其隊伍混亂；敵軍軍官動輒發怒，可知士兵疲倦，不聽號令。敵軍殺馬而食，表示軍中缺糧；見敵軍甑、舍空懸棄置，表示已是窮寇。將帥（或幹部）對部屬的講話，反覆叮嚀，神情不安，且語調緩慢，表示其不得眾心；屢次獎賞部下藉以懷柔眾心，或屢次處罰部下藉以脅迫眾心，皆為領導困窘的表徵；御下刻暴在先，而後又擔心眾叛親離，乃是為將不精之極。敵軍遣使攜帶重禮前來謝罪求和，此乃勢窮力絀，請求休戰；敵軍甚怒出陣，卻長久不與我決戰，又不撤退，恐怕另有奇謀，必須謹慎偵察，以防中計。

士兵貴在精良，而不是貴在眾多，只要不輕敵冒進，便足以集中之兵力，攻敵所虛，而克敵制勝。大凡無深謀遠慮而又輕視敵人的人，最後必為敵軍所擒。當士卒對部隊長尚未真心歸附前，就遽然施予刑罰，則軍心不服，軍心不服則難以用兵作戰。但若士卒對部隊長已經真心歸附，但部隊長卻不知申飭紀律，有罪不罰，則軍心必然怠忽散慢，亦難以用兵作戰。所以在一方面應教導士卒禮儀規範，以啓發忠貞與榮譽等操守；另一方面也應訓誡士卒軍法紀律，以求命令的整齊貫徹，這是作戰的取勝之道。若法令在平時就能貫徹奉行，並用以教導兵眾，則兵眾自然人人聽服；若法令在平時就不能貫徹奉行，並用以教導兵眾，則兵眾當然不會聽服。法令之所以在平時能貫徹奉行的原因，那是因為全軍上下建立起一致的三信心。

## 三、釋義：

### 行軍第九（註一）：

孫子曰：凡處軍相敵（註二）：絕山依谷，視生處高，戰隆無登，此處山上之軍也（註三）。絕水必遠水，客絕水而來，勿迎於水內，令半濟而擊之；欲戰者，無附於水而迎客，視生處高，無迎水流，此處水上之軍也（註四）。絕斥澤，惟亟去勿留；若交軍於斥澤之中，必依水草，而背眾樹，此處斥澤之軍也（註五），平陸處易，右背高，前死後生，此處平陸之軍也（註六）。凡此四軍之利，黃帝之所以勝四帝也。

註一：本篇題旨爲：「謹察原則與料敵」

孫子「行軍」一辭，略當於現代「用兵」之意，事實上，本篇文意也是圍繞在「處軍」與「相敵」兩大內容來開展，是屬於「野戰戰略」，甚至是「戰術」的範疇。所謂處軍是指處「四軍之利」，即—（1）處山上之軍；（2）處水上之軍；（3）處斥澤之軍；（4）處平陸之軍的兵力部署要領；至於相敵，是指偵察及判斷敵情之意，「近而靜者，恃其險也」以下三十三項，即情報判斷的要領。

註二：處軍，指部署軍隊；相敵，指偵察敵情。

註三：處山上之軍的要領（山地戰）：

（1）利用河谷：河谷多水草，進出聯絡方便，依山佈防或橫越山脈時，應先佔河谷，以掩護主力部隊。（絕山依谷）絕是橫越之意，下同。

例證：後漢光武建武十二年（公元三十六年）時，武都羌人寇邊，隴西太守馬援討之，羌人據山爲險，援則佔領便地，奪其水草而不與戰，羌人兵馬困頓，遂降。此爲羌人不知依谷之利。

（2）**佔領制高點**：佔領制高點的益處有：一、易觀側敵人動向，自己動向則不易被敵人所觀測；二、可收「俯攻」及「以逸待勞」之利。但佔領制高點的同時，應注意其後路是否爲「生地」？（即出入方便之地）。良好制高點的瞰制，經常可收「一夫當關，萬夫莫敵」之勢。（視生處高）

（3）**勿仰攻**：**仰攻之害**：一、耗費體力；二、戰力不易發揮，經常事倍功半；三、造成官兵心理的障礙，容易迷漫爲「失敗主義」。（戰隆勿登）

註四：處水上之軍（河川戰）：

（1）**避免背水決戰**：軍隊渡河後，應迅速向前挺進，避免聚集於河岸附近，理由如下：一、避免堵塞後續船團的去路；二、可向前爭取作戰縱深。（絕水必遠水）

（2）**擊敵於半渡**：蓋登陸作戰戰力，從零開始。因此，在敵人於橋頭堡陣地建立之前【此時已登陸之先頭部隊，陣式未成，而後續船團仍在水上，兵力分離】，爲戰力最脆弱的時刻，此時攻之，可獲勝利。

例證：唐武德時，薛萬均與羅藝守幽、燕，竇建德率十萬眾來犯。萬均謂藝曰：「眾寡不敵，今若出鬥，百戰百敗，當以計取之。可令羸兵弱馬，阻水背城為陳以誘之，賊若渡水交兵，請公精騎百人，伏於城側，待其半渡而擊之。」建德果渡水，萬均擊破之。

(3)**佔領制高點**：佔領後方制高點，待敵半渡之際擊滅之，沿河邊只需部署警戒兵力即可。理由：一、可誘敵渡河；二、可節約兵力，行機動防禦。

(4)**佔領河川上游**：佔領河川上游的益處如下：一、可積水沖淹敵軍；二、可乘水速追擊敵軍；三、可施毒鴆害敵軍。（無迎水流）

例證：楚漢之際，韓信與楚將龍且（音ㄐㄩ）戰於濰水，韓信先於濰水上游以沙包塞阻水流，待龍且於下游半渡之際，忽然撤除沙包，以洶湧急流覆沒之。

註五：處斥澤之軍（沼澤戰）：

(1)**亟去勿留**：沼澤之地多泥濘濕地，人、車、馬行動均不便，宜快速通過，不宜久留。

(2)**依水草，背眾樹**：若不預期與敵人遭遇於此，則應佔領水草林木茂盛之地，理由如下：一、可使人馬樵汲無缺；二、林木茂盛之地，地質必較堅固，無陷溺之險；三、藏身林木之中，隱蔽與掩蔽良好，易守難攻，可形成有利之據點。

註六：處平陸之軍（平原戰）：

（1）**右背高**：《老子・三十一章》：「君子居則貴左，用兵則貴右」「偏將軍居左，上將軍居右」可見古代軍制，右翼爲主將所在，亦即主力所在。所以選擇右翼有依托之陣地，乃掩護主力之意。

（2）**前死後生**：進出方便之地爲生地，難以出入之地爲死地，平原陣地的部署應選擇在敵接近我難而我出入方便之地。

凡軍好高而惡下，貴陽而賤陰，養生而處實，軍無百疾，是謂必勝（註七）。丘陵隄防，必處其陽，而右背之，此兵之利，地之助也。上雨水沫至，欲涉者，待其定也（註八）。凡地有絕澗、天井、天牢、天羅、天陷、天隙（註九），必亟去之，勿近之。吾遠之，敵近之；吾迎之，敵背之。軍行有險阻、潢井、葭葦、林木、翳薈者（註十），必謹覆索之，此伏姦之所處也。

註七：陽指陽光充足之地，陰指陽光晦暗之地；生指水草豐澤之地，實指地質堅實之地。

張預曰：「東南爲陽，西北爲陰。」蓋中國地處北半球，西南方又多高山遮蔽，故東南方受陽面大，西北方受陽面小。處軍於受陽面上，不僅水草豐澤，衛生條件亦較佳，故曰：「軍無百疾。」。

註八：曹操說：「恐半涉而水遽漲也。」

註九：絕澗：前後皆斷崖峭壁，又水橫其中，險峻而難以通行之地。

天井：四面險峻而中央凹陷之地。

天牢：四面山林環繞，易進難出，如牢獄般之地形。

天羅：草木荊棘叢生，進退兩難，兵器難以施展，如羅網一般的地形。

天陷：地質鬆軟，溝渠縱橫，難以通行，如陷阱般的地形。

天隙：兩山接隙，洞狹道惡的地形。

以上爲地形六害，極其危險，用兵若遭遇之，務必迅速遠離。（附註：「天」在哲學上有其深遠的意義。在此則爲自然天。）

註十：潢井：水草叢生之沼澤。

蒹葭：蘆葦漫生之地。

翳薈：野草雜生之處。

敵近而靜者，恃其險也；遠而挑戰者，欲人之進也；其所居易者，利也（註十一）。

註十一：敵距我近而不動如常者，乃其憑恃地形險要；敵距我遠而來挑戰者，乃欲誘我出擊；敵不據守險要，反而於平坦之地立營下寨，乃係誘我以利。

例證：三國時，劉備報關伐吳，曾令吳班引萬餘弱兵接近吳營平地下寨，以誘陸遜出戰，備則精選精兵八千，伏於山谷中，待東吳移營來襲時，即令吳班詐敗，備則引兵突出，斷其歸路。吳班每日均至吳寨前挑戰，諸將欲戰，陸遜曰：「前面山谷中，必有伏兵，故於平地設此弱兵，挑戰以誘我耳，我軍切不可出。」

衆樹動者，來也；衆草多障者，疑也（註十二）。

註十二：遙見衆樹動搖，乃係敵軍斬木淸道，欲來接近我也；敵軍結草爲障，乃意使我疑有伏兵也。

鳥起者，伏也；獸駭者，覆也（註十三）。

註十三：遙見遠方有群鳥驚飛，則其下必有伏兵；有野獸奔逃，則必有敵軍潛行，欲來掩襲傾覆我。

塵：高而銳者，車來也；卑而廣者，徒來也；散而條達者，樵採也；少而往來者，營軍也（註十四）。

註十四：遙見塵土高揚而末端尖銳者，是敵車隊來攻的形跡；塵土低揚而範圍廣闊者，是敵步兵來攻的形跡；塵土分散各處且細小斷續者，乃是敵軍採薪炊物的形跡；塵土少揚且見人員往來，乃是敵軍營造房舍的形跡。

辭卑而益備者，進也；辭詭而強進驅者，退也；無約而請和者，謀也（註十五）。

註十五：敵軍派來之使者，若言辭謙卑，但內部卻暗中加緊備戰，乃是有進犯我的意圖；若言辭閃鑠，態度強硬，且有脅迫進軍之意者，則是退卻的徵兆；無具體的交換條約，卻前來請和者，必定有所圖謀。

例證1：戰國時，田單守即墨，燕將騎劫圍之，田單使女子垂城約降，燕大喜，又收民金千鎰，令富豪遣使遺燕將書曰：「城即降，無虜妻妾。」燕人益懈，乃出兵擊，大破之。

例證2：吳王夫差北征，會晉定公於黃池。此時越王句踐伐吳，吳王思歸，乃以帶甲三萬，去晉軍一里，聲動天地，晉使董褐謁還，謂定公曰：「臣觀吳王色，有大憂，吳將毒我，不可與戰。」晉乃許先歃，吳王既會，遂還焉。

輕車先出，居其側者，陣也；奔走而陳兵者，期也；半進半退者，誘也（註十六）。

註十六：見敵戰車先出，而位居其兩側者，乃是定戰場疆界，藉以佈陣也；見敵軍往來奔走，急於佈陣，乃是與他軍有所期約，以合力攻我；敵軍欲進不進，欲退不退，時進時退，半進半退，乃是欲引誘我出擊。

杖而立者，饑也；汲而先飲者，渴也；見利而不知進者，勞也（註十七）。

註十七：見敵軍倚仗矛戟而站立，可知其饑餓無力氣；見敵士兵汲水先飲，可知其全軍甚渴；有可取的物品散置，而敵士兵卻不願拾取，可知其體力疲勞。

**鳥集者，虛也；夜呼者，恐也；軍擾者，將不重也；旌旗動者，亂也；吏怒者，倦也（註十八）。**

註十八：見飛鳥聚集於敵營附近，可知敵軍已退，營舍空虛；敵士兵夜晚驚叫，可知其內心恐懼；敵軍紛擾，軍紀紊亂，可知其將帥威嚴不足，敵旌旗擺動不定，可知其隊伍混亂；敵軍吏動輒發怒，可知士兵疲倦，不聽號令。

例證1：春秋時，楚子元伐鄭，鄭人將奔，有諜者來告：「楚幕有鳥。」乃止。是知楚人設留形而遁也。

例證2：春秋魯莊公十年，曹劌論戰曰：「吾視其轍亂，望其旗靡，故逐之。」

**殺馬肉食者，軍無糧也；懸甑不返其舍者，窮寇也（註十九）。**

註十九：馬爲作戰之工具，今殺而食之，表示軍中缺糧；甑，音ㄗㄥˋ，爲炊爨用的器具；舍，此指軍隊宿營用的帳蓬。甑、舍均應隨部隊攜行，今空懸棄置，表示爲窮寇也。

**諄諄翕翕，徐與人言者，失眾也；數賞者，窘也；數罰者，困也；先暴而後畏其眾者，不精之至也（註二十）。**

註二十：諄諄：反覆叮嚀；翕翕：神情不安。謂將帥（或幹部）對部屬的講話，反覆叮嚀，神情不安，且語調緩慢，表示其不得眾心；屢次獎賞部下，藉以懷柔眾心或屢次處罰部下，藉以脅迫眾心，皆爲領導困窘的表徵；御下刻暴在先，而後擔心眾叛親離，乃是爲將不精之極也。

來委謝者，欲休息也；兵怒而相迎，久而不合，又不相去（註二一），必謹察之。

註二一：敵軍遣使攜帶重禮前來謝罪求和，此乃勢窮力絀，請求休戰；敵軍甚怒出陣，卻長久不與我決戰，又不撤退，恐怕另有奇謀，必須謹慎偵察，以防中計。

兵非貴益多也，惟無武進，足以併力料敵取人而已。夫惟無慮而易敵者，必擒於人（註二二）。

註二二：武進：輕敵冒進；併力：集中兵力；料敵：判斷敵軍虛實；易敵：輕敵。謂兵在精而不在多，只要不輕敵冒進，便足以集中之兵力，攻敵所虛，而克敵制勝。大凡無深謀遠慮而又輕視敵人的人，最後必爲敵軍所擒。

卒未親附而罰之，則不服，不服則難用。卒已親附而罰不行，則不可用。故令之以文（註二三），齊之以武（註二四），是為必取。令素行以教其民，則民服；令不素行以教其民，則民不服；令素行者，與眾相得也（註二五）。

註二三：令之以文：教之以禮儀規範，以啓發「忠貞」與「榮譽」等操守。

註二四：齊之以武：訓之以軍法紀律，以求命令的整齊貫徹。

註二五：此即「法令孰行？」之意。參閱〈始計第一〉註九及註十三。

## 地形第十：

### 一、原文：

孫子曰：地形有通者，有挂者，有支者，有隘者，有險者，有遠者。我可以往，彼可以來，曰通；通形者，先居高陽，利糧道，以戰則利。可以往難以返，曰挂，挂形者，敵無備，出而勝之，敵若有備，出而不勝，難以返不利。我出而不利，彼出亦不利，曰支；支形者，敵雖利我，我無出也，引而去之，令敵半出而擊之利。隘形者，我先居之，必盈以待敵；若敵先居之，盈而勿從，不盈而從之。險形者，我先居之，必居高陽以待敵；若敵先居之，引而去之，勿從也。遠形者，勢均，難以挑戰，戰而不利。凡此六者，地之道也，將之至任，不可不察也。

故兵有走者，有弛者，有陷者，有崩者，有亂者，有北者；凡此六者，非天地之災，將之過也。夫勢均，以一擊十，曰走。卒強吏弱，曰弛。吏強卒弱，曰陷。大吏怒而不服，遇敵懟而自戰，將不知其能，曰崩。將懦不嚴，教道不明，吏卒無常，陳兵縱橫，曰亂。將不能料敵，以少合眾，以弱擊強，兵無選鋒，曰北。凡此六者，敗之道也。將之至任，不可不察也。

夫地形者，兵之助也。料敵致勝，計險阨遠近，上將之道也。知此而用戰者必勝，不知此而用戰者必敗。故戰道必勝，主曰：「無戰。」必戰可也！戰道不勝，主曰：「必戰。」無戰可也！故進不求名，退不避罪，唯民是保，而利合於主，國之寶也。

視卒如嬰兒，故可與之赴深谿；視卒如愛子，故可與之俱死。厚而不能使，愛而不能令，亂而不能治，譬若驕子，不可用也。

知吾卒之可擊，而不知敵之不可擊，勝之半也；知敵之可擊，而不知吾卒之不可擊，勝之半也；知敵之可擊，知吾卒之可以擊，而不知地形之不可以戰，勝之半也。故知兵者，動而不迷，舉而不窮。故曰：知彼知己，勝乃不殆；知天知地，勝乃不窮。

## 二、語譯：

### 第十篇　地形篇

孫子說：地形就其地表特徵來分類，可分爲：通形、挂形、支形、隘形、險形、遠形。我軍可以前往，敵軍也可以前來的地形，稱爲「通形」；通形作戰，應先佔據向陽的制高點，以便利糧道的運補，依此要領作戰則有利。可以前往，卻難以返回的地形，稱爲「挂形」；挂形作戰，在敵人沒有戒備的時候，出擊或可取勝；但是若是敵人有戒備，出擊不獲勝，又難以返回，則對部隊大不利。我軍出擊不利，敵軍出擊也不利的地形，稱爲「支形」；支形作戰，敵軍雖然以利誘我，我軍也不可輕易出擊，而應引誘敵人前往他處，使敵軍主力半數出擊，兵力陷於分離，再回師襲擊爲有利。隘形作戰，當我軍先敵佔據隘口時，應齊隘口佈陣，使敵不得進，並免遭致敵軍的封鎖包圍；當敵軍先我佔據隘口，且已齊隘口佈陣時，則不可輕率進攻，以免遭致敵軍的預設襲擊；若敵未齊隘口佈陣，則我軍可先佔據隘口，再伺機入谷，以共享險阻之利。險形作戰，當我先敵佔領險形時，必須將軍隊部署在向陽的制高點上，以待應敵軍；但若敵軍先我佔據險形時，可設法引誘敵軍棄險求戰，而萬不可跟從敵軍之意圖。遠形作戰，當雙方勢均力敵時，難以挑起戰端，而先發動戰爭的一方，將處於不利的地位。總計以上這六種地形，乃是兵要地理的要道，而熟知運用乃是爲將無可旁貸的職責，不可以不詳查謹慎。

而軍隊有走、弛、陷、崩、亂、北六種敗象，這六種敗象，並不是因爲天地的災變所導致，而是將帥不知用兵之道所造成的。當敵我兩軍各種條件相當時，卻妄圖以寡擊眾，攻擊十倍於自己的敵人，因而導致戰敗的，稱爲「走兵」。士卒強勇，而將吏懦弱，必然造成軍政無方，紀律廢弛，因而遭致戰敗的，稱爲「弛兵」。反之，將吏強勇，而士卒臨陣怯懦，又缺乏訓練，因而導致戰敗的，稱爲「陷兵」。主將剛愎無理，不知知人善任，導致下級怒而不服，遇敵則各自爲戰，因而造成戰敗的，稱爲「崩兵」。主將懦弱而無威嚴，對士卒的教導無方，軍紀法令不嚴整；幹部又經常調動，對職責不瞭解；營陣部署，也雜亂無章，因而造成戰敗的，稱爲「亂兵」。主將無法精確的判斷敵情，以致以少擊多，以弱擊強，而攻擊先鋒亦未選拔精銳士卒充任，因而造成戰敗的，稱爲「北兵」。總計以上這六種現象，乃是致敗之道，而熟知警惕乃是爲將無可旁貸的職責，不可以不詳查謹慎。

地形是用兵的輔助要素。預料敵情以策必勝之謀，需兼顧地形上的險要或平坦，距離的遠或近……等因素的考量，這是作爲高級將領的至德要道。知道依照這個方法用兵的將帥，必可獲勝；不道依照這個方法用兵的將帥，必然戰敗。當戰場狀況，經評估後，我軍有必勝的勝算時，雖然君主說：「不戰。」基於國家利益，亦應斷然開戰；反之，當戰場狀況，經評估後，我軍必敗無疑時，雖然君主說：「必戰。」基於國家利益，亦應固守不戰。開戰進擊，並非爲貪圖個人虛名；固守不戰，亦不畏避可能招致的罪罰，如此念念以保國衛民，君主利益爲依歸的將帥，真是國家的珍寶。

將帥對待士卒，如能像父母之對自己嬰兒般的照顧，則便可以和士卒共赴深溪險灘而無所畏懼；將帥對待士卒，如能像父母之對自己愛子般的照顧，則便可以和士卒共赴死難亦無所逃避。反之，若厚愛士卒而竟無法驅使之，溺愛士卒而竟無法命令之，紀律紊亂而竟不能整飭之，如此士卒譬如是驕奢放縱的浪子，是不堪大用的。

只知道我軍士卒之狀況強盛，可以擊滅敵軍，卻不知道敵軍士卒之狀況也強盛，無法將之擊滅，如此戰爭，僅有一半的勝算；只知道敵軍士卒之狀況虛弱，可以將之擊滅，卻不知道我軍士卒之狀況虛弱，不足以擊滅敵軍，如此戰爭，亦僅有一半的勝算；知道敵軍士卒之狀況虛弱，必可將之擊滅，也知道我軍士卒之狀況強盛，可以擊滅敵軍，但卻不知戰場地形是不利於作戰的，如此戰爭，亦僅有一半的勝算。所以曉暢兵事的將帥，行動果決而不迷惑，舉措有度而不困窮。所以說：能詳知敵軍虛實，而又能瞭解自己實力，可以獲勝而不致有危險；能詳察天時和地利，則獲勝亦可以無窮無盡。

## 三、釋義：

### 地形第十（註一）：

孫子曰：地形有通者，有挂者，有支者，有隘者，有險者，有遠者。我可以往，彼可以來，曰通；通形者，先居高陽，利糧道，以戰則利（註二）。可以往難以返，曰挂，挂形者，敵無備，出而勝之，敵若有備，出而不勝，難以返不利（註三）。我出而不利，彼出亦不利，曰支；支形者，敵雖利我，我無出也，引而去之，令敵半出而擊之利（註四）。隘形者，我先居之，必盈以待敵；若敵先居之，盈而勿從，不盈而從之（註五）。險形者，我先居之，必居高陽以待敵；若敵先居之，引而去之，勿從也（註六）。遠形者，勢均，難以挑戰，戰而不利（註七）。凡此六者，地之道也，將之至任，不可不察也。

註一：本篇題旨為：「計地原則與將道」

本篇所指的地形─「六形」，乃是指客觀的地理環境，有別於第十一篇「九地」中夾雜著許多主觀的成份，這種兵要地理的專業知識，是為將必具的學養，所謂「將之至任」、「上將之道」即是此指。目的是「知天知地」，以達到「勝乃可全」的結果。

註二：通形：四通八達的地形。通形的作戰要領：

（1）**掌握制高點**（先居高陽）：參閱〈行軍第九〉註三。

（2）**確保補給線的暢通**（利糧道）：通形既爲敵來我往皆方便的地形，則補給線亦容易遭致敵軍的襲擊，故應特別注意。

例如：平原開闊地，即屬通形。

註三：挂形：挂通掛，乃懸掛之意。謂其地前低後高，如物懸掛，由高至低易，而由低返高難，所以說「可以往，難以返」。

此種地形爲易守難攻之地，宜據守要點，以逸待勞，除非敵人潰逃，可行追擊；或敵人無備，可行奇襲，否則均不宜輕舉妄動。

註四：支形：支，杜佑曰：「久也。」係指不利敵我雙方久戰的地形，通常該地與兩軍基地間，山川隔阻，後勤支援不易，所以說：「我出而不利，彼出而不利。」支形的作戰要領：

（1）**餌兵勿食**：敵誘我出擊，必有充份的補給，乃是欲陷我於絕境，不宜輕出。

（2）**敵半出而擊**：敵半出之際，乃兵力分離之時，故出擊則利。

例證：如中國淞滬境內河渠縱橫交錯，湖泊星羅棋佈，佔去全區面積之四分之一，若將河面橋樑破壞，必造成大部隊運動之困難，是典型的支形。民國二十六年，中、日八一三淞滬會戰期間，國軍曾利用此種地形特色，成功達到遲滯日軍行動之目的。

註五：隘形：兩山間狹小的通谷。隘形的作戰要領：

（1）**我先居之時**：應齊隘口佈陣，使敵不得進，並免遭致敵軍的封鎖包圍。

（2）**敵先居之時**：若敵已齊隘口佈陣，則不可輕率進攻，以免遭致敵軍的預設襲擊；若敵未齊隘口佈陣，則我軍可先佔據隘口，再伺機入谷，共享隘阻之利。

註六：險形：山川險要之地形。險形的作戰要領：

（1）**佔領制高點**：參閱〈行軍第九〉註三。

（2）**勿仰攻**：參閱〈行軍第九〉註三。

例證：三國時的祁山，即屬險形，諸葛亮曾說：「祁山是長安之首，前臨渭水，後靠斜谷，左出右入，皆可埋伏兵力，是用武之地。」

註七：遠形：遠征之形。遠征必有遠輸，所以說戰而不利。

例證：如諸葛亮之六出祁山，日本之侵華戰爭，拿破崙、希特勒之征俄，皆為遠征之形。

故兵有走者，有弛者，有陷者，有崩者，有亂者，有北者；凡此六者，非天地之災，將之過也。夫勢均，以一擊十，曰走（註八）。卒強吏弱，曰弛（註九）。吏強卒弱，曰陷（註十）。大吏怒而不服，遇敵懟而自戰，將不知其能，曰崩（註十一）。將懦不嚴，教道不明，吏卒無常，陳兵縱橫，曰亂（註十二）。將不能料敵，以少合眾，以弱擊強，兵無選鋒，曰北（註十三）。凡此六者，敗之道也。將之至任，不可不察也。

註八：走：當敵我兩軍各種條件相當時，卻妄圖以寡擊眾，攻擊十倍於自己的敵人，因而導致戰敗的，稱為「走兵」。

例證：西漢時，蘇建以三千而亡歸，李陵以五千而降虜，皆是「走兵」。

註九：弛：士卒強勇，而將吏懦弱，必然造成軍政無方，紀律廢弛，因而遭致戰敗的，稱爲「弛兵」。

例證：唐穆宗時，命田布統率魏兵，以伐王廷湊，布生長在魏，魏人多輕視之，數萬人皆騎驢行營，布不能禁，如此居數月，欲合戰，兵士皆潰散，布自剄身死，是爲「弛兵」。

註十：陷：反之，將吏強勇，而士卒臨陣怯懦，又缺乏訓練，因而導致戰敗的，稱爲「陷兵」。

註十一：崩：主將剛愎無理，不知知人善任，導致下級怒而不服，遇敵則各自爲戰，因而造成戰敗的，稱爲「崩兵」。

例證：北宋時，李繼遷謀反，太宗令白守營、田紹贇送糧於靈州，繼遷知而挑戰，守營欲攻之，紹贇勸其不可，守營曰：「我不受爾節制，勿管吾事。」乃率部去輜重四五里，與賊戰，大敗。此則守營遇敵懟而自戰，所以致敗。

註十二：亂：主將懦弱而無威嚴，對士卒的教導無方，軍紀法令不嚴整；幹部又經常調動，對職責不瞭解；營陣部署，也雜亂無章，因而造成戰敗的，稱為「亂兵」。

註十三：北：主將無法精確的判斷敵情，以致以少擊多，以弱擊強，而攻擊先鋒亦未選拔精銳士卒充任，因而造成戰敗的，稱為「北兵」。

夫地形者，兵之助也。料敵致勝，計險阨遠近，上將之道也。知此而用戰者必勝，不知此而用戰者必敗（註十四）。故戰道必勝，主曰：「無戰。」必戰可也！戰道不勝，主曰：「必戰。」無戰可也！故進不求名，退不避罪，唯民是保，而利合於主，國之寶也（註十五）。

註十四：〈軍形第四〉曰：「地生度。」（參閱註十六—註二二）〈虛實第六〉曰：「知戰之地，知戰之日，可千里而會戰。」可見「用地」是一切作戰計劃的起點。

註十五：這是孫子為將武德外的第六德—「忠」。參閱〈九變第八〉註十二。

視卒如嬰兒，故可與之赴深谿；視卒如愛子，故可與之俱死。厚而不能使，愛而不能令，亂而不能治，譬若驕子，不可用也（註十六）。

註十六：此兼有五事中「道」、「法」之意涵。參閱〈始計地一〉註五、註九、註十三。不過，這邊所稱的「道」是縮小在將領對士卒的仁德。要言之，為將必需使士卒能懷德畏威，才能明恥教戰，以克竟全功。

知吾卒之可擊，而不知敵之不可擊，勝之半也；知敵之可擊，而不知吾卒之不可擊，勝之半也；知敵之可擊，知吾卒之可以擊，而不知地形之不可以戰，勝之半也。故知兵者，動而不迷，舉而不窮。故曰：知彼知己，勝乃不殆；知天知地，勝乃不窮（註十七）。

註十七：知己：知吾卒之可擊或不可擊（對自我力量的認知）。

知彼：知敵之可擊或不可擊（對敵人力量的認知）。

知天知地：即〈始計第一〉：「天地孰得？」之意。參閱〈始計第一〉註六、註七、註十二。

# 九地第十一：

## 一、原文：

孫子曰：用兵之法，有散地，有輕地，有爭地，有交地，有衢地，有重地，有圮地，有圍地，有死地。諸侯自戰其地者，為散地。入人之地而不深者，為輕地。我得則利，彼得亦利者，為爭地。我可以往，彼可以來者，為交地。諸侯之地三屬，先至而得天下之眾者，為衢地。入人之地深，背城邑多者，為重地。行山林、險阻、沮澤，凡難行之道者為圮地。所由入者隘，所從歸者迂，彼寡可以擊吾之眾者，為圍地。疾戰則存，不疾戰則亡者，為死地。是故散地則無戰，輕地則無止，爭地則無攻，交地則無絕，衢地則合交，重地則掠，圮地則行，圍地則謀，死地則戰。

所謂古之善用兵者，能使敵人前後不相及，眾寡不相恃，貴賤不相救，上下不相收，卒離而不集，兵合而不齊。合於利而動，不合於利而止。敢問：「敵眾整而將來，待之若何？」曰：「先奪其所愛，則聽矣；兵之情主速，由不虞之道，攻其所不戒也。」

凡為客之道：深入則專，主人不克，掠於饒野，三軍足食，謹養勿勞，併氣積力，運兵計謀，為不可測，投之無所往，死且不北，死焉不得，士人盡力。兵士甚陷則不懼，無所往則固，深入則拘，不得已則鬥。是故其兵不修而戒，不求而得，不約而親，不令而信，禁祥去疑，至死無所之。

吾士無餘財，非惡貨也；無餘命，非惡壽也。令發之日，士卒坐者，涕霑襟，偃臥者，涕交頤，投之無所往，則諸、劌之勇也。

故善用兵者，譬如率然；率然者，常山之蛇也，擊其首，則尾至；擊其尾，則首至；擊其中，則首尾俱至。敢問：「兵可使如率然乎？」曰：「可。夫吳人與越人相惡也，當其同舟共濟而遇風，其相救也，如左右手。」

是故方馬埋輪，未足恃也；齊勇如一，政之道也；剛柔皆得，地之理也。故善用兵者，攜手若使一人，不得已也。

將軍之事，靜以幽，正以治；能愚士卒之耳目，使之無知。易其事，革其謀，使人無識。易其居，迂其途，使人不得慮。帥與之期，如登高而去其梯；帥與之深入諸侯之地，而發其機，焚舟破釜，若驅群羊，驅而往，驅而來，莫知所之。聚三軍之眾，投之於險，此將軍之事也。九地之變，屈伸之利，人情之理，不可不察也。

凡為客之道，深則專，淺則散。去國越境而師者，絕地也；四達者，衢地也；入深者，重地也；入淺者，輕地也；背固前隘，圍地也；無所往者，死地也。是故，散地，吾將一其志；輕地，吾將使之屬；爭地，吾將趨其後；交地，吾將謹其守；衢地，吾將固其結；重地，吾將繼其食；圮地，吾將進其途；圍地，吾將塞其闕；死地，吾將示之以不活。故兵之情，圍則禦，不得已則鬥，逼則從。

是故不知諸侯之謀者，不得豫交，不知山林、險阻、沮澤之形者，不能行軍；不用鄉導者，不能得地利。此三者不知一，非霸王之兵也。

夫霸王之兵，伐大國，則其眾不得聚；威加於敵，則其交不得合。是故不爭天下之交，不養天下之權，信己之私，威加於敵，故其城可拔，其國可墮。施無法之賞，懸無政之令，犯三軍之眾，若使一人。犯之以事，勿告以言；犯之以利，勿告以害；投之亡地然後存，陷之死地而後生，夫眾陷於害，然後能為勝敗。故為兵之事，在詳順敵之意，並力一向，千里殺將，是謂巧能成事。

是故政舉之日，夷關折符，無通其使；厲於廊廟之上，以誅其事；敵人開闔，必亟入之。先其所愛，微與之期；踐墨隨敵，以決戰事。是故始如處女，敵人開戶，後如脫兔，敵不及拒。

## 二、語譯：

## 第十一篇　九地篇：

孫子說：一般用兵的法則，依據戰爭的性質和地緣來劃分，可區分爲：散地、輕地、爭地、交地、衢地、重地、圮地、圍地、死地等類別。諸侯國在自己國內互相征戰的地形，稱爲散地。尚未深入敵境戰場的地形，稱爲輕地。具有戰略價值的要地，我軍先得有利，敵軍先得也有利的地形，稱爲爭地。交通便利之地，我軍前往，敵軍前來都方便的地形，稱爲交地。毗鄰多國之地（三屬），先行佔領可以作爲征伐橋樑的地形，稱爲衢地。深入敵境戰場之地，此時在我背後的敵國城池頗多的地形，稱爲重地。山林、險阻、沼澤等一般難以行動的地形，稱爲圮地。進入之路狹隘險阻，退卻之路又迂迴曲折，敵人可憑恃天險，以少量軍隊即可對我大軍行包圍封鎖的地形，稱爲「圍地」。迅速突破敵軍防線則得以生存，未能迅速突破敵軍防線則必將敗亡的地形，稱爲死地。所以處散地兵心易散，不宜與敵決戰。輕地因爲距離本土不遠，危急時可輕易逃回，所以不應停止久留。爭地必有重兵駐守，且形勢險要，不宜正面進攻。交地應設法截敵糧道，斷敵歸路，而自己之糧道歸路，應保持暢通，不可被敵人所截擊。衢地之國，常爲列強交侵之地，其立國之道，唯合縱締交而已。重地作戰應力求「因糧於敵」，以減輕國內的負擔。圮地毀壞難行，部隊應迅速脫離。圍地之軍，應發奇謀，方可突圍。死地之軍，更應力戰，才能有一線生機。

所以說古時候善於用兵的將帥，能使敵軍部隊前後左右之間，無法相互援救。能使敵軍主力部隊與非主力部隊之間，無法相互援救。能使敵人官吏與平民之間，軍官與士兵之間，無法相互援救。能使敵軍部隊上級與下級之間，無法相互援救。能使敵軍部隊陷於分離而無法集結。合於國家利益，方可伺機而動，不合於國家利利，則應斷然停止。請問：「若是敵軍整頓兵眾，將來攻我，應如何應對？」回答說：「先打在敵人最痛的地方，先打在敵人最弱的地方，或先打在最足以影響戰局的地方，如此則敵人即可被我拘束；兵貴神速，經由敵人意料之外的道路，而攻擊敵人沒有戒備的地方。」

一般說來，攻擊（或遠征）敵國的法則：當深入敵國國境作戰則軍心專一，敵國將無法獲得勝利。應設法掠取富饒地區的糧食以供給養，全軍上下方可以足食。養兵休卒，切勿疲於奔命，節養士氣，積蓄體力。運用兵力及設計各種巧謀妙計，應力求出敵意表。若將軍隊部署在無路可走的絕地上，則官兵寧死也不敗走；官兵連死都不怕，自然能全力以赴。作戰時，當士兵已陷入危險的死地中，會激起其求生的本能，對外在的危險，反而不會畏懼。當無路可退時，鬥志反而更加堅固。當深入敵境時，軍心反而更加凝聚。迫不得已的時候，就會拚死戰鬥。像這樣的軍隊，其軍紀不需整飭，而官兵自然會恪遵謹守。任務不需上級要求，而官兵自然會貫徹落實。不需上級約束，官兵自然會親愛團結，密切合作。不需上級命令，官兵自然會忠實執行自己的職責。禁止迷信，掃除謠言，則官兵既使戰死，也不會有退縮的打算。

我軍兵士身無多餘錢財，並非厭惡財貨；不顧生命，奮勇殺敵，也不是厭惡長壽。當作戰命令下達之日，人人都垂淚感動，坐著的人，淚涕霑濕了衣襟；臥床的人，淚涕交流了兩頰，如此同仇敵愾，即使將他投入無所往的死地中作戰，也能達到如專諸、曹劌般的勇敢。

所以善於用兵的將帥，有如率然一樣；率然乃是常山地區一種蛇的名稱。若攻擊這種蛇的頭部，那麼它的尾部會前來支援；若攻擊這種蛇的尾部，那麼它的頭部會前來支援；若攻擊這種蛇的中間，那麼它的頭部、尾部都會前來支援。請問：「士兵可使如率然一樣嗎？」回答說：「可以。吳國人與越國人相互仇視，但當其中兩人同舟共渡而遭逢狂風侵襲時，這兩人將相互救援，有如左右手一般。」

所以縛緊馬匹，鎖死車輪，不足爲防止官兵逃亡的憑藉。砥礪三軍齊正勇敢，一心一德的志節，乃是將帥施政的要道；不論秉性剛強或柔弱的士兵，皆能得其奮勇無前的妙用，乃是善用地勢的原理。所以善於用兵的將帥，能使官兵攜手合作，而其指揮千軍萬馬有如指揮一人一樣，乃是善於將軍隊置於不得不鬥的情境中。

將帥處斷軍務，應定靜沉著，深謀遠慮；公正嚴明，有條不紊。能矇蔽士卒的耳目，使其除將軍之令外，餘概一無所知。視情勢需要，隨時調整我軍之行事習慣，不斷修訂我軍的計劃謀略，而使敵人無從鑑識。改變住所，迂迴路途，使敵人無從預知。將帥賦予部隊作戰任務，要如登上高處而抽去梯子一樣，使之有進無退。率軍遠征，深入諸侯之地時，應使士兵如出弦之箭，有進無退；焚毀舟船，擊破甕釜，以堅定官兵意志，使之如驅趕群羊，時而驅使去往，時而驅使前來，除主帥命令外，無所適從。聚合三軍兵眾，投置於危險的處境中，以激勵官兵死地求生，奮勇殺敵的氣勢，這是將帥的要務。研究地形的各種變化對於官兵士氣屈伸的影響，這是窮達人性的至理，作爲將帥者，不可不謹慎詳察。

一般說來，攻擊（或遠征）敵國的法則：當深入敵國國境作戰則軍心專一，淺止敵國邊境作戰則軍心易散。遠征他國而與本土隔絕的作戰形態，稱爲絕地；在交通方便，四通八達地區的作戰型態，稱爲衢地；深入敵國國境的作戰型態，稱爲重地；淺止敵國邊境的作戰型態，稱爲輕地；深入敵境後，背有山嶺阻隔，前有雄關據守的作戰型態，稱爲圍地；前後左右四方皆無退路的作戰型態，稱爲死地。所以在散地作戰，我應齊一官兵的意志；在輕地作戰，我應使部伍營壘，緊密聯屬；在爭地作戰，我應疾趨敵軍後路，使敵進退失據；在交地作戰，我應嚴密守備，勿使敵有可乘之機；在衢地作戰，我應強固鄰友之國的邦誼，使之爲我之奧援；在重地作戰，我應暢通補給，使三軍兵眾，糧食可繼；在圮地作戰，我應加速前進的步伐，勿作停留；在圍地作戰，我應阻塞退卻的道路，以求官兵能齊勇如一；在死地作戰，我應明示官兵，非力戰不足以存活，以激勵奮勇求生之士氣。所以士兵心理，被敵圍困時，就會同心防禦；迫不得已的時候，就會拚死戰鬥；危險逼迫時，則所謀無所不從。

所以不知道各諸侯國立國謀略的將帥，就不能和該國預先結交；不知道山林、險阻、沼澤等地形的將帥，就不能指揮軍隊作戰；不能善用熟悉當地地形之人的將帥，就不能獲得地利。這三件事若有一件不知，就無法成爲霸王之兵。

霸王用兵能出敵意表，所以即使攻伐大國，亦能使之無法有效的集結部隊。以強兵威嚇於敵，所以敵軍盟國皆徘徊觀望，而不敢與其保持友好關係。無需爭先與他國結交，不姑息而養成下的霸權，憑恃本國的力量，加諸於敵，所以敵國城池必可攻破，其國家也必定能覆亡。在作戰中，爲追求勝利，對有功部屬，應施行超乎法令的獎賞；爲求隱匿無形，應發佈逾越常軌的政令。指揮三軍兵眾，應如指揮一人一樣的清楚。當指揮部眾執行任務時，不需告訴他部隊的整體計劃，以防止敗泄事機，而貽誤大局；指揮部眾爭取戰爭利益時，也不需告知他有害的一面，以免部卒心生恐懼，而退縮不前。將部隊投入必亡的境地時，才能激起士卒奮勇直前之士氣而使部隊因而存活；將部隊陷入必死的處境時，也才能砥礪官兵死中求生的奮鬥而使部隊因而轉危爲安，當兵眾陷入極大危害時，才會激起攸關勝敗奮鬥。所以用兵之事，在於假裝順從敵人之意圖，並集中優勢力量，打擊敵人一點，即使是千里之外，也能擒殺敵軍主將，可稱之爲巧妙的獲得勝利。

所以當戰爭爆發後，應封鎖邊關，折毀符節，停止與敵使節的往來；定計於廊廟之上，並嚴加督勵，反覆操演。發現敵人有間隙時，應即乘虛而入。先奪取敵軍最痛的地方、最弱的地方、最足以影響戰局的地方，而我軍行動則不可符合敵軍的期望。因應敵情的變化，不斷修訂計劃，以決斷戰場之事。所以當部隊起始靜止時，應如幽居空谷的女子，安詳沉著，以誘使敵軍懈怠而鬆弛戒備；之後行動時，則應如逃脫獵捕的狡兔，迅速敏捷，使敵人來不及對抗。

## 三、釋義：

### 九地第十一（註一）：

孫子曰：用兵之法，有散地、有輕地、有爭地、有交地、有衢地、有重地、有圮地、有圍地、有死地。諸侯自戰其地者，為散地（註二）。入人之地而不深者，為輕地（註三）。我得則利，彼得亦利者，為爭地（註四）。我可以往，彼可以來者，為交地（註五）。諸侯之地三屬，先至而得天下之眾者，為衢地（註六）。入人之地深，背城邑多者，為重地（註七）。行山林、險阻、沮澤，凡難行之道者為圮地（註八）。所由入者隘，所從歸者迂，彼寡可以擊吾之眾者，為圍地（註九）。疾戰則存，不疾戰則亡者，為死地（註十）。是故散地則無戰，輕地則無止，爭地則無攻，交地則無絕，衢地則合交，重地則掠，圮地則行，圍地則謀，死地則戰。

註一：本篇題旨爲：「計地原則與統兵」。

孫子在本篇所講的地，大半指陳的是地理形勢對人心的影響，有別於〈地形篇〉專就自然地理論述。是屬於「地緣心理」的層次。就心理學的角度分析，環境是影響個體行爲的重要指標之一，而在作戰中亦然。本篇所稱的散地、輕地、重地、圍地、死地，指的都是官兵心理的地，在自然地理中，並不存在。所以，如何因地制宜，以正確的掌握人心?這是考驗將領用兵的敏感度，也是爲將必具的素養之一。所謂「九地之變，屈伸之利，人情之理，不可不察。」是也。

註二：散地：諸侯國各自於其本國國土內交戰者，稱爲「散地」。蓋散地交戰，士卒懷念妻子，容易散走逃亡，所以說：「散地則無戰。」處散地之形，應設法齊一官兵的心志，所以說：「散地吾將一其志。」。從另外的角度說，散地補給較易，而敵人爲「遠形」，補給不易，堅城不戰也有消耗敵人戰力的意涵在內。

杜牧說：「士卒近家，進無必死之心，退有歸投之所。」

例證：漢王三年（公元前二〇四年），韓信率兵攻齊，齊王田廣退守高密，項羽派龍且馳援，合齊、楚之兵抗漢。有人向龍且建議說：「漢軍深入齊境，必奮力一戰，而齊、楚之兵在國境內作戰，因眷戀家室，容易潰散，不如堅城不戰，另派齊王親信招撫失地，淪陷區軍民若聽說齊王還在，又有楚軍來援，必將叛漢歸齊，如此一來，漢軍無法就地獲得充份的補給，必敗無疑。」但龍且驕傲輕敵，不聽，不久戰死，齊王也被擒殺，韓信遂佔領整個齊地。

註三：輕地：尚未深入戰場之地，稱爲「輕地」。因爲距離本土不遠，危急時可輕易逃回，所以說：「輕地則無止。」處輕地之形，應設法使部隊間緊密聯繫，相互支援，積極面可增加官兵的必勝的信心，消極面也可防止士兵的逃亡。

註四：爭地：指具有戰略價值之要地，即所謂兵家必爭之地。爭地必有重兵駐守，且形勢險要，不宜正面進攻，所以說：「爭地則無攻。」奪爭地之法，應迂迴繞道，阻斷其後方的指揮和補給線，所以說：「爭地吾將趨其後。」

何延錫說：「便利之地。先居者勝，是以爭之。」

例證：如二次大戰時的地中海及太平洋中的關島；另我國古代的山海關，大散關，潼關等，及現今國際局勢下的南中國海，均屬之。

註五：交地：交通要衝，敵來我往均方便之地。交地容易接近敵人，亦容易被敵人接近，因此應設法截敵糧道，斷敵歸路，而自己之糧道歸路，應保持暢通，不可被敵人所截擊，即所謂「交地無絕」、「交地吾將謹其守」之意。

例證：如中國的「徐州」、「鄭州」、「武漢」等地，均屬之。

註六：衢地：毗鄰多國之地（三屬），先得之可爲征伐之橋樑。衢地之國，常爲列強交侵之地，其立國之道，唯合縱締交而已，即所謂「衢地合交」、「衢地吾將固其結」之意。參閱〈九變第八〉註四。

例證：春秋時，吳王闔廬五次伐楚，皆借道唐、蔡；又如戰國時，鄭國介於齊、楚、晉三強之間，是典型的衢地；近代如荷蘭、比利時、盧森堡等國，亦屬之。

註七：重地：指深入戰場之地，即遠征之地。遠征補給應力求「因糧於敵」，以減輕國內的負擔，所以說：「重地則掠」、「重地吾將繼其食」。

例證：參閱〈地形第十〉註七。

註八：圮地：凡山林、險阻、沼澤等部隊難以運動之地。參閱〈九變第八〉註三。

註九：圍地：進入之路狹隘險阻，退卻之路又迂迴曲折，敵人可憑恃天險，以少量軍隊即可對我大軍行包圍封鎖之地，稱爲「圍地」。攻圍地之軍，應包圍封鎖，不使有間隙，所以說：「圍地無將塞其闕」。

參閱〈九變第八〉註六。

註十：死地：前無去路，後有追兵，今日斷糧，明日缺水的絕望之地。處死地唯有行「絕望中的奮鬥」，或可打開一條生路，否則只有坐以待斃，所以說：「死地吾將示之以不活」。

例證：清咸豐六年（公元一八五六年），太平軍攻廣信城，知府沈葆禎告急，總兵饒廷選率千人馳援，太平軍見廷選旌旗入城，不知虛實，不敢貿然進攻，此時廷選麾下華定邦，賴高翔獻計，認爲應主動求戰，示之以實，若心虛退卻，必遭擊滅。廷選採行，結果雙方兵力接觸後，太平軍因不知城內虛實，並未戀戰，稍一交手，就撤兵而去。

所謂古之善用兵者，能使敵人前後不相及（註十一），衆寡不相恃（註十二），貴賤不相救（註十三），上下不相收（註十四），卒離而不集，兵合而不齊（註十五）。合於利而動，不合於利而止。敢問：「敵衆整而將來，待之若何？」曰：「先奪其所愛，則聽矣；兵之情主速，由不虞之道，攻其所不戒也。」（註十六）

註十一：能使敵軍部隊前後左右之間，無法相互援救。

例證：東漢初平三年（公元一九二年），董卓舊將李傕謀攻長安，與郭汜，張濟，樊稠定計時說：

「呂布有勇無謀，不足慮，我軍可採用騷擾助功法。明日起，我引軍守助要道，每日誘他廝殺，郭將軍可抄其後路，牽制呂布，張、樊二公可兵分兩路，進擊長安，使呂布首尾不能相救，必然大敗。」眾將依計行事，不數日，果然擊敗呂布，進佔長安。

註十二：能使敵軍主力部隊與非主力部隊之間，無法相互援救。

例證：如二次大戰期間，盟軍諾曼第登陸。（參閱〈虛實第六〉註九）。

註十三：能使敵人官吏與平民之間，軍官與士兵之間，無法相互援救。

例證：明崇禎十一年（西元一六三八年）九月，皇太極命多爾袞爲東路軍，由青山關入邊；命岳托爲西路軍，由墻子岭入邊；自率部分兵力，佯攻錦州。明軍在清軍多路進攻下，疲於奔命，首尾不能相顧，以致入邊清軍得以長驅中原，大肆劫掠半年後，才於次年四月安然出關。

註十四：能使敵軍部隊上級與下級之間，無法相互援救。

例證：明太祖洪武三年（西元一三七0年）正月，元舊將王保保在西北寇邊，當時元主尚在，太祖召諸將定計，決定分兩路進軍：一路由徐達自潼關，出西安，搗定西，攻打王保保；另一路由李文忠出居庸關，入沙漠，以追元主，結果迫使兩處元軍均忙於自救，無暇應援，遂爲太祖所敗。

註十五：能使敵軍部隊陷於分離而無法集結，即使勉強集結，也因部份兵力尚未到齊，而無法發揮其應有戰力。

例證：清嘉慶十四年（西元一八0九年），浙閔水師提督邱良功、王得祿合攻海盜蔡牽於定海漁山洋面，良功採分船隔攻戰法，首先分割蔡牽艦隊，使各艦無法相互支援，再以己艦貼近蔡牽座艦，進行接舷戰鬥，終於迫使蔡牽座艦孤立無援，最後炸船而自沉海中。餘部千餘人，均降。

註十六：先奪其愛：即打在敵人最痛的地方，打在敵人最弱的地方，或打在最足以影響戰局的地方，如此則可拘束敵人。

不虞之道：即敵人意料之外的道路。

凡為客（註十七）之道：深入則專，主人不克（註十八），掠於饒野，三軍足食（註十九），謹養勿勞，併氣積力（註二十），運兵計謀，為不可測（註二一），投之無所往，死且不北，死焉不得，士人盡力（註二二）。兵士甚陷則不懼（註二三），無所往則固（註二四），深入則拘（註二五），不得已則鬥（註二六）。是故其兵不修而戒（註二七），不求而得（註二八），不約而親（註二九），不令而信（註三十），禁祥去疑，至死無所之（註三一）。

註十七：客：指來攻者，或指遠征。

註十八：主：指被攻者。意謂指深入對方國境作戰則軍心專一，對方將無法獲得勝利。

註十九：意指遠征他國應設法掠取富饒地區的糧食以供給養，全軍上下方可以足食。

例證：民國二十六年，日軍侵略我國，亙戰爭期間，國軍貫徹消耗戰略，實施堅壁清野政策，以致加重了日軍後勤補給的負擔，而達到消耗日本國力之目的。

註二十：意指養兵休卒，蓄銳待敵。

例證：戰國末年，秦王政命王翦率六十萬大軍攻打楚國，王翦率軍在天中山（今河南汝陽）下寨紮營，楚王命項燕、景騏各領二十萬兵馬迎戰。王翦紮營後，根本不理會楚軍的挑戰，只下令加強營壘工事的構築，平日無事時，要求官兵跳遠，跳高，丟石頭，以鍛練身體。如此過了許久，皆無動靜，使得項燕覺得王翦可能來此駐防，也就疏忽了警戒，王翦則趁楚軍戒備鬆弛之際，以排山倒海之勢，一舉攻滅了楚國。

註二一：運用兵力，及設計各種巧謀妙計，應力求出敵意表。

註二二：若將軍隊部署在無路可走的絕地上，則官兵寧死也不敗走；官兵連死都不怕，自然能全力以赴。《尉繚子》說：「一賊仗劍擊之於市，萬人無不避之者，非一人之獨勇，萬人皆不肖也，必死與必生不侔也。」

註二三：作戰時，當士兵已陷入危險的死地中，會激起其求生的本能，對外在的危險，反而不會畏懼。

註二四：當無路可退時，鬥志反而更加堅固。

例證：明英宗正統十四年（西元一四四九年）八月，蒙古瓦剌部首領也先率軍攻打北京，兵部尚書于謙奉命守城，當時也先乘「土木堡」勝利之餘威，兵勢甚壯。于謙為鼓舞士氣，出城佈陣，並下令關閉諸城門，以示不退，同時實施「作戰連坐令」，凡將領擅退者，斬其將領；前隊士兵擅退者，後隊士兵斬之，如此在前有大敵，後無退路下，將士均抱必死之心，奮勇殺敵，終於大敗也先，而確保了京畿安全。

註二五：當深入敵境時，軍心反而更加凝聚。

註二六：迫不得已的時候，就會拚死戰鬥。

例證：參閱〈兵勢第五〉註十二。

註二七：像這樣的軍隊，其軍紀不需整飭，而官兵自然會恪遵謹守。

註二八：任務不需上級要求，而官兵自然會貫徹落實。

註二九：不需上級約束，官兵自然會親近團結，密切合作。

註三十：不需上級命令，官兵自然會忠實執行自己的職責。

註三一：禁止迷信，掃除謠言，則官兵既使戰死，也不會有退縮的打算。

例證：周伐商，牧野之役，遇大雷雨，旗鼓折毀，群公皆懼，散宜生欲卜後而行軍，姜太公乃毀龜折蓍，是能去疑，故使部隊如熊如羆，終於滅商。

吾士無餘財，非惡貨也；無餘命，非惡壽也。令發之日，士卒坐者，涕霑襟，偃臥者，涕交頤，投之無所往，則諸、劌之勇也（註三二）。

註三二：能把軍隊置於沒有退路的戰場上時，則自能激起官兵的士氣，達到如專諸，曹劌般的勇敢。專諸，曹劌的事跡，詳見《史記・刺客列傳》。

故善用兵者，譬如率然；率然者，常山之蛇也，擊其首，則尾至；擊其尾，則首至；擊其中，則首尾俱至（註三三）。敢問：「兵可使如率然乎？」曰：「可。夫吳人與越人相惡也，當其同舟共濟而遇風，其相救也，如左右手（註三四）。」

註三三：意指同心協力。常山：即現恆山，五嶽之一，避漢文帝劉恆諱改。

註三四：吳越同舟，乃是一種情境設計，意指內部的矛盾，可因外敵的入侵，而趨彌合。

是故方馬埋輪（註三五），未足恃也；齊勇如一，政之道也；剛柔皆得，地之理也。故善用兵者，攜手若使一人，不得已也（註三六）。

將軍之事，靜以幽，正以治（註三七）；能愚士卒之耳目，使之無知（註三八）。易其事，革其謀，使人無識（註三九）。易其居，迂其途，使人不得慮（註四十）。帥與之期，如登高而去其梯（註四一）；帥與之深入諸侯之地，而發其機，焚舟破釜，若驅群羊，驅而往，驅而來，莫知所之（註四二）。聚三軍之眾，投之於險，此將軍之事也（註四三）。九地之變，屈伸之利，人情之理，不可不察也。

註三五：方馬：縛馬也；埋輪：使輪不動也。皆為古代防止官兵逃亡的方法。

註三六：善用兵者，指揮千軍萬馬若指揮一人，乃是善於將軍隊置於不得不鬥的情境中。

註三七：將軍治事應定靜沉著，深謀遠慮；公正嚴明，有條不紊。

註三八：能矇蔽士卒之耳目，使其除將軍之令外，餘概一無所知。

孔子說：「民可與樂成，不可與慮始。」

例證：東晉明帝時，王敦起兵造反，帝命王導（王敦之兄）平亂，當時王敦患病，軍情不穩，王導偵知，立即率族人為王敦發喪，官軍將士果以為叛軍主帥已死，因而士氣大振，連戰皆捷，不久，亂遂平。

註三九：易、革均爲調整或變更之意。意謂視情勢需要，隨時調整我軍之行事習慣及計劃謀略，而使敵人無從鑑識。

例證：張飛嗜酒，乃人盡皆知之事，當其攻打瓦口隘時，守將張郃堅守不戰，飛乃於隘前下寨，每日於寨前帳下飲酒辱罵，且令小卒相撲爲戲，張郃大怒，認爲張飛酒鬼，如此小覷自己，乃趁夜直殺飛寨，但見張飛端坐不動，一槍刺去，卻一草人，急勒馬回轉，竟撞上聲如巨雷的真張飛，是爲「猛張飛智取瓦口隘」。此即張飛能適時調整自己的行爲習慣，而使張郃鑑識錯誤也。

註四十：改變住所，迂迴路途，以求出敵意表。

註四一：將帥賦予部隊作戰任務，要如登上高處而抽去梯子一樣，使之有進無退。期：通指期約，此指賦予作戰任務。

註四二：率軍遠征，應使士兵如出弦之箭，有進無退；又如驅趕之羊，唯令是從。

註四三：此即「兵士甚陷則不懼，無所往則固，深入則拘，不得已則鬥」之意。參閱本篇註二三—註三一。

凡為客之道，深則專，淺則散。去國越境而師者，絕地也；四達者，衢地也；入深者，重地也；

入淺者，輕地也；背固前隘，圍地也；無所往者，死地也。是故，散地，吾將一其志；輕地，吾將使之屬；爭地，吾將趨其後；交地，吾將謹其守；衢地，吾將固其結；重地，吾將繼其食；圮地，吾將進其途；圍地，吾將塞其闕；死地，吾將示之以不活。故兵之情，圍則禦，不得已則鬥，逼則從（註四四）。

註四四：參閱本篇註二——註十。

是故不知諸侯之謀者，不得豫交（註四五），不知山林、險阻、沮澤之形者，不能行軍；不用鄉導者，不能得地利（註四六）。此三者不知一，非霸王之兵也。

註四五：豫同預，豫交乃預先結交之意。參閱〈謀攻第三〉註五。

註四六：鄉導即今嚮導，爲當地熟悉地形之人。蓋山川地貌，經常變動，雖有地圖，往往出入極大，嚮導可以補正地圖的誤差。另敵方降將，亦可爲嚮導，除熟悉地形外，更有號召敵營起義來歸的政治意涵。

例證：清代用洪承疇、吳三桂、耿精忠、尚可喜等明朝降將爲前導，一路勢如破竹，終於亡明。

夫霸王之兵，伐大國，則其衆不得聚（註四七）；威加於敵，則其交不得合（註四八）。是故不爭天下之交（註四九），不養天下之權（註五十），信己之私，威加於敵，故其城可拔，其國可墮（註五一）。施無法之賞，懸無政之令（註五二），犯（註五三）三軍之眾，若使一人。犯之以事，勿告以言（註五四）；犯之以利，勿告以害；投之亡地然後存，陷之死地而後生，夫眾陷於害，然後能為勝敗。故為兵之事，在詳順敵之意（註五五），並力一向（註五六），千里殺將，是謂巧能成事（註五七）。

註四七：意謂霸王攻敵無備，出敵意表，雖大國之軍，亦無法有效集結。

註四八：以強兵威嚇於敵，則其盟國皆徘徊觀望，不敢與其保持友好關係。

例證：第一次世界大戰時，義大利原與德、奧同盟，但懾於英、法協約軍的威勢，而不敢出兵援助德、奧，徘徊觀望年餘後，最後反而參加協約國，與德、奧爲敵。

註四九：無需爭先與他國結交。

註五十：不姑息而養成天下的霸權。

註五一：憑恃本國的力量，加諸於敵，則其城池必可攻破，其國家必能覆亡。

註五二：在作戰中，爲追求勝利，對有功部屬，應施行超乎法令的獎賞；爲求隱匿無形，甚至可發佈逾越常軌的政令。

註五三：犯：指揮。

註五四：指揮部眾執行任務，無需告知其整體計劃爲何？以免事傳於外，而敗事機；亦無需告知有害的一面，以免心生恐懼，退縮不前。

註五五：詳同佯。詳順敵意，意謂假裝順從敵人之意圖。即將計就計之意。

註五六：指集中優勢力量，指向敵人一點。

註五七：意謂能巧妙的獲得勝利。

是故政舉之日，夷關折符，無通其使（註五八）；厲於廊廟之上，以誅其事（註五九）；敵人開闔，必亟入之（註六十）。先其所愛，微與之期（註六一）；踐墨隨敵（註六二），以決戰事。是故，始如處女，敵人開戶，後如脫兔，敵不及拒（註六三）。

註五八：當戰爭爆發後，應封鎖邊關，折毀符節，停止與敵國使節的往來。

註五九：誅，一作謀，是計劃或研究之意。意謂定計於廊廟之上，並嚴加督勵，反覆操演。

註六十：發現敵人有間隙時，應即乘機而入。

註六一：先其所愛：參閱本篇註十六。

微與之期：微，無也。意謂我軍行動不可符合敵人之期望。

註六二：墨：墨繩，此引申為計劃或準則之意。意謂因應敵情之變化，不斷修訂計劃，以符實用。亦即因敵制勝之意。參閱〈虛實第六〉註十八。

註六三：意謂部隊靜止時，如幽居空谷的女子，安詳沉著；行動時，又如逃脫的狡兔，迅速敏捷，使敵人來不及對抗。

# 火攻第十二：

## 一、原文：

孫子曰：凡火攻有五：一曰火人，二曰火積，三曰火輜，四曰火庫，五曰火隊。行火必有因，煙火必素具。發火有時，起火有日。時者，天之燥也。日者，月在箕、壁、翼、軫也，凡此四宿者，風起之日也。

凡火攻，必因五火之變而應之。火發於內，則早應於外。火發兵靜者，待而勿攻。極其火力，可從而從之，不可從而止。火發於外，無待於內，以時發之。火發上風，無攻下風。晝風久，夜風止。凡軍必知五火之變，以數守之。故以火佐攻者明，以水佐攻者強，水可以絕，不可以奪。

夫戰勝攻取，而不修其功者凶，命曰費留。故曰：明主慮之，良將修之，非利不動，非得不用，非危不戰。主不可以怒而興師，將不可以慍而致戰；合於利而動，不合於利而止。怒可以復喜，慍可以復悅；亡國不可以復存，死者不可以復生。故明主慎之，良將警之，此安國全軍之道也。

## 二、語譯：

### 第十二篇　火攻篇：

孫子說：一般以火攻敵的方式共有五種：第一種是放火燒殺敵人士卒。第二種是放火燒毀敵人囤積。第三種是放火燒毀敵人輜重。第四種是放火燒毀敵人倉庫。第五種是放火燒殺敵人部隊。施行火攻，必須有風向、地形、建築材質……等等條件的配合，始能克竟全功，而火攻所需之器材，也應預先準備。發火有一定的時節，起火也有一定的時日。所謂時節，是指天乾物燥之時。所謂時日，是指月亮運行至此時箕、壁、翼、軫四星座時，一般當月亮運行至此四星座時，即是起風的時日。

一般以火攻敵的方式，必然依據這五種火攻方法的交互變化而運用。當我軍間諜潛入敵營內縱火時，我軍應及早由營外接應。當我軍間諜縱火後而敵軍陣營甚爲靜穆，應先觀察等待，暫勿進攻，以防敵軍的預設伏擊。令火勢極具猛烈，發現敵軍驚慌失措，可斷然進攻；若敵軍靜穆安詳，則應暫止觀察。若時機（如風向、風力等條件）能允許，也可直接從敵營外縱火，而無須期待內應的配合。應於上風處縱火，縱火後亦不宜從下風處進攻，以免自遭火患。風的特性，當白晝起風可維持長久，但到了夜晚就歸於靜止。大凡指揮軍隊必須瞭解這五種火攻方法交互變化的運用，並掌握起風的時機。所以懂得以火來輔助部隊進攻的將帥，乃是明智的人；而懂得以水來輔助部隊進攻的將帥，也可收威力強大之效。但以水佐攻，僅能短暫的隔絕敵軍，取得一時的勝利，至於洪水漫延，勢必將造成我軍運動的困難，反而不容易獲得決定性的勝利。

當戰勝攻取敵人後，若不能與敵國重修舊好，根本化解敵我的衝突，以維持既有戰果的將帥，最後必將國祚民命帶入凶險的道路，稱爲浪費人力、物力，駐師久留。所以說：明智的君主對此應深思熟慮，優良的將帥對此也應敬謹修習，若非基於國家利益，絕不輕啓戰端；若非有得勝的把握，絕不輕言用兵；若非國家已到了危急存亡的最後關頭，否則絕不輕易一戰。君主絕不可因爲憤怒而興兵動武，將帥也不能因爲生氣而開啓戰端。符合國家利益的戰爭，才能發動；不符合國家利益的戰爭，必須停止。憤怒可以重新歡喜，生氣也可以重新愉悅；但是滅亡的國家卻不可能重新存在，死去的人也不可能重新復活。所以明智的君主應該要戒懼謹慎，而優良的將帥也要朝夕警惕，這是安定國家，保全軍隊的要道啊！

## 三、釋義：

### 火攻第十二（註一）：

孫子曰：凡火攻有五：一曰火人，二曰火積，三曰火輜，四曰火庫，五曰火隊（註二）。行火必有因，煙火必素具（註三）。發火有時，起火有日。時者，天之燥也。日者，月在箕、壁、翼、軫也，凡此四宿者，風起之日也（註四）。

註一：本篇題旨爲：「殲敵原則與止戰」

本篇篇名「火攻」，顧名思義，乃是以火攻敵之意，是一種戰術行動；另篇文中有「以水佐攻者強」之句，似亦有「水攻」之意。蓋戰爭求勝，乃古今通理，而戰術爲求勝之工具，是「因利制權」的行動，按理講兵法是無單獨立章的必要，否則是否亦應有〈車攻篇〉、〈馬攻篇〉或〈步攻篇〉？如此只是準則，而非兵法。

不過，筆者以爲孫子所以將戰術的火（水）攻，提升到戰略的層次來思考，主要還是基於火（水）攻所造成的鉅大破壞力，是其他戰術行動所無法比擬的，因此特別立章規範，並歸結到「夫戰勝攻取，而不修其功者凶，命曰費留。」的政治意涵。把徹底殲滅作爲追求和平的手段，是不得已中的不得已，也是警告世人，不要忘記戰爭的終極目的—「安國全軍」。

註二：火當動詞用，是縱火焚燒之意。火人：放火燒殺敵人士卒。火積：放火燒毀敵人囤積。火輜：放火燒毀敵人輜重。火庫：放火燒毀敵人倉庫。火隊：放火燒殺敵人部隊。

例證：楚、漢相爭時，劉邦遣劉賈率兵馬兩萬，渡白馬津，入楚地，燒楚積聚，而造成楚軍缺糧；又三國時，曹操採用許攸獻計，突襲烏巢，盡燒袁紹囤積，而有官渡之勝；另劉備伐吳，於包原隰險阻之處下寨，且連營七百里，陸遜一火焚之，死於白帝城。

註三：施行火攻，必須配合其他條件，如風向、地形、建築材質等，始能克竟全功；而火攻所需之器材，應預先準備。

例證：二次大戰時，美軍在瞭解到日本房屋多以木與紙為建材後，於轟炸日本時，乃大量投擲燃燒彈，而造成日本之重大損失。

註四：意謂發火於物燥之時；發火於颳風之日。

箕、壁、翼、軫是古代二十八星宿之四，《天文志》云：「月宿此者多風」，是說月亮運行至此四星座時，即颳風之日。這是古代天文學知識，僅供參考，現代有衛星氣象的預測，遠較精準。

凡火攻，必因五火之變而應之。火發於內，則早應於外（註五）。火發兵靜者，待而勿攻（註六）。極其火力，可從而從之，不可從而止（註七）。火發於外，無待於內，以時發之（註八）。火發上風，無攻下風。晝風久，夜風止（註九）。凡軍必知五火之變，以數（註十）守之。故以火佐攻者明，以水佐攻者強，水可以絕，不可以奪（註十一）。

註五：張預說：「火纔發於內，則兵急擊於外，表裡齊攻，敵易驚亂。」

註六：梅堯臣說：「不驚擾者，必有備也。」

註七：曹操說：「見可而進，知難而退。」

註八：意謂若時機（如風向、風力等條件）能配合，可逕從敵營外縱火，無須期待內應為之。

例證：三國時，赤壁之戰，由於風力、風向得宜，周瑜得於外部燒燬曹軍戰船，而大獲全勝。

註九：應於上風處縱火，縱火後亦不宜從下風處進攻，以免自遭火患。

「晝風久，夜風止」是古代的氣象知識，現代有更嚴謹的氣象預報，足供參考。

註十：數：意指月至箕、壁、翼、軫四星之時數。亦即掌握起風的時機。

註十一：以水佐攻，固然形強勢盛，但僅能短暫隔絕敵軍，而取得一時之勝，甚且洪水漫延，運動困難，反而不容易獲得決定性的勝利。

例證1：東漢建安三年（公元一九八年），曹操圍呂布於下邳，久攻不克，士卒疲敝，本欲還軍。荀攸、郭嘉獻計，絕沂、泗之水灌城，呂布益孤，不久城破被俘。

例證2：唐乾元元年（公元七五八年），官軍九節度使圍安慶緒於鄴城，築壘二重，穿塹三重，並壅漳水灌之。河水固然困住安慶緒，但城中欲降者多，卻也礙於水深，無法成行，官軍失去招降的良機，以致城久圍不下。至史思明來援，官軍上下解體，而有鄴城之敗。

例證3：公元一九三六年，西班牙政府軍曾開啓阿爾白奇河之水閘，放出一千萬立方公尺的水量，以遏止叛軍的進攻，叛軍走避不及，溺斃甚眾。

**夫戰勝攻取，而不修其功者凶，命曰費留（註十二）。故曰：明主慮之，良將修之，非利不動，非**

得不用，非危不戰。主不可以怒而興師，將不可以慍而致戰（註十三）；合於利而動，不合於利而止。怒可以復喜，慍可以復悅；亡國不可以復存，死者不可以復生。故明主慎之，良將警之，此安國全軍之道也（註十四）。

註十二：費是浪費，留是暴師久留，意謂戰勝攻取後，若不能與敵國重修舊好，根本化解敵我的衝突，以維持既有的戰果，則必將浪費財力物力，暴師久留，終必損及國家利益，故曰「凶」。

註十三：用兵是高度理性的謀略運作，一切必須以國家利益為依歸，不可訴諸情緒而輕動干戈。

註十四：點題結穴。

以近代戰爭指導的理論分析，國家目標的獲得，是來自國家利益判斷的結果，乃是一個國家為維護與發展其國家利益，在其立國之原則下，政府與人民所努力追求之理想。近代國家通常將其國家目標明訂於憲法之中，以作為政府施政的準繩，更進一步說，「實現國家目標」是組成國家的目的，也是國家最重要的功能。

而在戰爭中國家目標的實現，首先面臨嚴重的衝擊，慘勝費留固然不利於國家目標的實現，而敗軍亡國更無國家目標之可言。這方面孫子是從建立對「勝利」與「敵友」的正確認識上來準備戰爭，在戰爭指導中，乃是和平指導的範圍。本篇所指的「安國」與「全軍」正是孫子平戰兩時所欲追求的國家基本目標。

一、安國：

安國也就是現代憲法思想中，「鞏固國家安全」與「維持社會安寧」的意義。而欲實現安國的目標，除了平時積極的「修道保法」外，更必須對勝利與敵友的真諦有正確的認識。「勝利」雖是交戰雙方均極欲爭取的目標，但是「勝利」在孫子的概念中，卻是有區別的，最理想的勝利是不戰而勝；其次是先勝；其次是易勝；最糟糕的是慘勝，然而不管是何種勝利，若是不能帶來和平，又有何價值？甚至本次的勝利，成為下次征戰的導因，歷史上戰勝國為預防戰敗國的報復，給予戰敗國無限的屈辱，而戰敗國為圖雪恥復國—「十年生聚，十年教訓」的例子，實層出不窮。如此雖然贏得戰爭的勝利，卻輸掉了永久的和平，結果永遠有征戰，國際間永無寧日，實大違「安國」之要旨。所以孫子先從澄清勝利與敵友的真諦做起，在當時正有激濁揚清的警示作用。

二、全軍：

如果說「安國」是戰前的和平指導，那麼「全軍」就戰爭進行中的戰爭指導。戰爭之所以會爆發，是因為兩國的和平指導都失敗了。戰爭雖然無法避免，但孫子仍然主張將戰爭拘限在最小的規模內來進行，在其設定的「伐謀，伐交，伐兵，攻城」的諸多解決衝突的方法中，戰爭只是其中之一，而不是唯一，甚至是下下策。其中「伐謀」「伐交」及「伐兵」中的嚇阻等，都是尋求政治的解決，也就是將武裝衝突的層級，提升到政治的層面來思考，即使不幸在兩國衝突漫延成戰爭後，也須循著戰術的思想路向，追求軍爭的「以迂爲直」、「以患爲利」、「避實擊虛」、「踐墨隨敵」等方式，而將戰爭縮小在最小的規模之內進行，以符合國家利益。

## 用間第十三：

### 一、原文：

孫子曰：凡舉師十萬，出征千里，百姓之費，公家之奉，日費千金，內外騷動，怠於道路，不得操事者，七十萬家。相守數年，以爭一日之勝；而愛爵祿百金，不知敵之情者，不仁之至也，非人之將也，非主之佐也，非勝之主也。故明君賢將，所以動而勝人，成功出於眾者，先知也。先知者，不可取於鬼神，不可象於事，不可驗於度，必取之於人──知敵之情者也。

故用間有五：有鄉間，有內間，有反間，有死間，有生間；五間俱起，莫知其道，是謂神紀，人君之寶也。鄉間者，因其鄉人而用之；內間者，因其官人而用之；反間者，因其敵間而用之；死間者，為誑事於外，令吾間知之，而傳於敵間也；生間者，反報也。

故三軍之事，親莫親於間，賞莫厚於間，事莫密於間；非聖智不能用間，非仁義不能使間，非微妙不能得間之實。微哉！微哉！無所不用間也。間事未發而先聞者，間與所告者皆死。

凡軍之所欲擊，城之所欲攻，人之所欲殺，必先知其守將、左右、謁者、門者、舍人之姓名，令吾間必索知之。必索敵間之來間我者，因而利之，導而舍之，故反間可得而使也；因是而知之，故鄉間、內間可得而使也；因是而知之，故死間為誑事可使告敵；因是而知之，故生間可使如期。五間之事，主必知之，知之必在反間，故反間不可不厚也。

昔殷之興也，伊摯在夏；周之興也，呂牙在殷。故明君賢將，能以上智為間者，必成大功。此兵之要，三軍之所恃而動也。

## 二、語譯：

### 第十三篇　用間篇

孫子說：一般說來，出動十萬大軍，作千里的遠征，百姓的耗費及公家的奉給等支出，總計每日需千金之多，並造成國內外民心的騷動，百姓因從事軍需運補，疲奔於道路，因而無法正常就業的人，有七十萬家之多。兩軍據守對峙數年，以爭取最後一日的勝利；然而對於我方間諜卻吝惜爵祿的分封，不捨黃金的賞賜，以致不明敵情，實爲不仁道之極，如此絕非統帥眾人的良將，也不是輔佐元首的良相，更不是克敵致勝的明主。所以英明的君主，賢良的將領，所以能夠一發動戰爭就立刻戰勝敵人，而成就超越眾人之上的功業，全然是因爲在交戰之前，就能預先知道敵情的緣故。預知敵情一事，絕不可由卜筮鬼神之處獲得，也不可是單憑事物表象的認知，亦不可是全憑主觀經驗的臆度，而必須由「人」身上去獲得情報—這些「人」是指知道敵情的人。

所以使用間諜，可遍及五種人：有鄉間、有內間、有反間、有死間、有生間。這五種間諜並起而用，使敵人永遠無法窺知我軍各種奇謀妙計的緣由，真是鬼神的綱紀，人君的重寶。所謂鄉間，是指利用敵國鄉野之人爲間。所謂內間，是指利用敵國官屬之人爲間。所謂反間，是指收買（或利用）敵國間諜爲間。所謂死間，是指奉命赴敵方工作而不期望能生還的人。所謂生間，是指派赴敵國之間諜，並期在其蒐集情報後，能返國報告的人。

所以三軍事務中，最應親密愛護的人，莫過於間諜；最應重賞厚賜的人，也莫過於間諜；最應嚴守機密的事務，也莫過於用間之事。若非具備有聖哲的操守與智慧的將帥，不能使用間諜。若非具備有仁風義行的將帥，不能指揮間諜。若非具備有精微之思辨力與神妙鑑別力的將帥，則無法從間諜處獲得眞實有用的情報。微妙啊！微妙啊！戰爭中沒有地方是不需要使用間諜的。行間計劃若尙未實施，即已洩露，則間諜與聞聽者，均應處死。

在作戰前，對於軍隊所欲進擊的目標、所欲圍攻的城池、所欲消滅的敵人，必先要先行預知敵軍主將、幕僚、客卿、甚至衛兵或食客的各項基本資料及生活習慣等，命令我方間諜索查告知。另需找出敵方潛伏在我方的間諜，誘之以利，導之以義，使其成爲我方的間諜，所以反間也能加以使用；若能善用反間以作爲情報偵搜的資源，如此鄉間、內間就能加以使用；若能善用反間以作爲情報偵搜的資源，如此死間可將假情報傳告於敵；若能善用反間以作爲情報偵搜的資源，如此生間就可使如期回報。這五種間諜事務，君主必須要殷勤暢曉，而能夠殷勤暢曉的關鍵，必然在於善用反間，所以對待反間，不可以不優厚。

往昔殷朝將興起時，伊尹曾在夏朝爲官；周朝將興起時，呂尙也曾在殷朝爲官。所以明智的國君，賢良的將師，能以高智慧的人爲間諜，必能成就偉大的功業。這是兵法的至德要道，三軍事務之所憑恃而啓動的本源。

## 三、釋義：

用間第十三（註一）：

孫子曰：凡舉師十萬，出征千里，百姓之費，公家之奉，日費千金，內外騷動，怠於道路，不得操事者，七十萬家（註二）。相守數年，以爭一日之勝；而愛爵祿百金，不知敵之情者，不仁之至也，非人之將也，非主之佐也，非勝之主也（註三）。故明君賢將，所以動而勝人，成功出於眾者，先知也。先知者，不可取於鬼神，不可象於事，不可驗於度，必取之於人——知敵之情者也（註四）。

註一：本篇題旨爲：「先知原理與理性」

「兵法」是一種追求勝利的方法，在開戰前的「廟算」，應先勝而後戰。然何以先勝？首需知敵；何以知敵？必須用間（必取於人），也就是說，須有精確客觀的理性基礎，才能準確的衡量敵人，以提供廟算正確的資訊，開啓先勝的契機。這種掌握敵情的能力，在現代戰略中，稱之爲「偵搜力」。

所謂偵是偵察；搜是搜索。偵搜力是指部隊偵察與搜索的能力。建立精確的偵搜力，才能做到「知己知彼」與「知天知地」。二戰時，盟軍藉由空中照相以確定德國的V形飛彈的發展狀況；解碼技術的突破導致美軍中途島海戰的勝利，並成功刺殺日本海軍大將山本五十六等戰例均可為證。由此可知偵搜力是一切情報判斷的前提，無偵搜，即無情報，而無情報，正如盲人瞎馬，其危殆可知。因此偵搜力是現代有形戰力之中不可或缺的一環。

大體而言，孫子對於偵搜力的建立，是有層次的，在戰略的層次，強調用間；在戰術的層次，則強調處軍相敵。所謂偵搜力的戰略層次，是指搜集可供建軍，備戰參考的情報層次，建軍備戰必先了解國家潛在的危機在那裡？可能的假想敵是誰？假想敵力量的多寡？可能的戰場在那裡？戰場的地理特性是什麼？這些情報的搜集，必需是有高智慧的人而又經長期的觀察，才可能獲得。所以本篇云：

> 昔殷之興也，伊摯在夏；周之興也，呂牙在殷，故明君賢將，能以上智為間者，必成大功。此兵之要，三軍之所恃而動也。

伊摯、呂牙均為夏、商舊臣，對於兩朝國力，自然有深入的了解，所以用之以從事建軍備戰，當然能符合「因敵制勝」、「知戰之地」、「知戰之日」諸原則。此外，情報的來源愈多，則經比對分析後的精確程度也愈高，所以用間務多，以建立綿密的情報網，本篇云：

故用間有五：有鄉間，有內間，有反間，有死間，有生間；五間俱起，莫知其道，是謂神紀，人君之寶也。

其中鄉間，內間和反間，即是情報的來源，而所謂知敵之情，是應遍及敵國朝野、官民、及政、經、軍、心的各層面，如果沒有建立周密的情報網，是無法完整掌握敵情的，這些情報通常會對國家的建軍與備戰，造成深遠的影響，所以其影響力是戰略性的。

至於偵搜力的戰術層次，照孫子的想法，是指行軍中的「處軍相敵」，孫子所謂的行軍，略當於現代的「用兵」之意，處軍略當於「部署軍隊」，相敵略當於「偵搜與判斷敵情」之意，部署軍隊需要先了解被部署地區的地形要素。〈行軍篇〉對於這方面的列舉，十分詳盡，總計共有三十三項之多，已如前述。如此詳細的列舉，儼然是一套情報偵搜的準則，足見孫子當時不但建立了完整的情報體系，對於偵搜力的訓練，也非常的重視，事實上，關於部隊訓練，除了偵搜力外，孫子並沒有具體的交代，可見其重視程度實超越上述各力。

註二：參閱〈作戰第二〉註一。

張預說：「井田之法，八家爲鄰。一家從軍，七家奉之；興兵十萬，則輟耕作者，七十萬家也。」

註三：謂用間支出雖耗費鉅資，但若與用兵支出相較，仍屬廉價。以用間的小額支出，樽節用兵的鉅額消費，合乎效益原理。這是明君賢將所應制宜的。

例證：漢高祖以四萬斤黃金用作離間楚國君、臣費用，頗收事半功倍之效，終於擊敗項羽而有天下；另拔都征俄，駐兵於伏爾加河一年餘，偵騎四出，窺知俄國內部衝突，至冬季將趨於白熱化，乃選定寒冬進擊，而順利完成對俄之征服。

註四：先知：預先掌握天、地、敵、我的狀況。先知必須以理性作基礎，才符合科學精神。不可迷信，不可執著於表象，更不可憑空臆測。換言之，必須以客觀的現象爲依據，邏輯的思考爲方法，並適當的量化，賦予相同的規格單位，以方便比較及分析。

故用間有五：有鄉間，有內間，有反間，有死間，有生間；五間俱起，莫知其道，是謂神紀，人君之寶也（註五）。鄉間者，因其鄉人而用之（註六）；內間者，因其官人而用之（註七）；反間者，因其敵間而用之（註八）；死間者，為誑事於外，令吾間知之，而傳於敵間也（註九）；生間者，反報也（註十）。

註五：五間是指間諜的五種類型。依間諜的身份劃分：有鄉間，內間及反間。依任務劃分：有生間，死間。五間之用，可以窺敵先知，奇兵制勝，實乃神妙之綱紀，人君之重寶也。

註六：鄉間：指利用敵國鄉野之人爲間。其重點在於窺知敵國的社情民心。

例證：公元一九四一年十二月，日軍偷襲珍珠港，其情報大多爲當地日僑所提供。

註七：內間：指利用敵國官屬之人爲間。其重點在於窺知敵國的政情謀略。

例證1：民國二十六年，中日戰爭開始之初，政府決定封鎖長江，使沿江所有日艦、商船及僑民，均無法撤退，可惜消息由當時行政院秘書主任黃秋岳及其子（黃晟）洩漏予日軍，致使日軍連夜撤走長江中下游所有的人員及船隻，而功敗垂成。（據傳記文學第六四卷第一期）

例證2：抗戰勝利後，國共爆發內戰，當時潛伏在國民政府中的共諜真不知凡幾。包括時任國防部參謀次長劉斐及作戰廳長郭汝瑰等人，均爲共黨之潛伏人員。二員均位高權重，得與聞國軍對徐蚌會戰之全程計劃，除將計劃告知共軍外，並利用其翊贊中樞之機會，誤導徐州「剿總」之戰略作爲而造成國軍在徐蚌會戰的慘敗，加遽神州的沉淪。黃百韜兵團被殲時，孫元良曾說：「消滅黃百韜兵團是國防部，不是陳毅。」邱清泉更直呼：「國防部裏有共諜」真是「一封情報百萬兵」。（據傳記文學第六五卷第二期）

註八：反間：指收買（或利用）敵國間諜爲間。其用途除在於窺探敵國的機密情報外，更可藉以散佈假情報，達到誤敵的效果。

例證1：三國赤壁之戰前，曹操派遣蔡中、蔡和詐降東吳，以相機蒐集情報，周瑜明知其詐降，仍予收留，意乃利用其向曹營傳遞假情報，而造成曹操決策的錯誤，至決戰前夕，方捕殺之。

例證2：清天聰三年（西元一六二九年），皇太極與明將袁崇煥對峙於山海關，皇太極特令部隊不准進攻，並召鮑承先、高鴻中密謀，要求兩人至明被俘太監楊某拘留之處故意耳語，大意爲：「皇太極與袁崇煥已訂有密約，攻打北京，將不日可期。」等語。且縱放亡歸以告明思宗，以致袁崇煥忠貞遭疑而被殺，種下了明朝覆亡的敗因。

註九：死間：指奉命赴敵方工作而不期生還者。其任務在於將我方之假情報傳遞於敵方，而達到誤敵的效果。

例證1：宋朝時，曹彬（時任職太尉，約當現在國防部長）曾貸人死，使僞裝爲僧，命吞蠟丸，入西夏，至則被囚，僧告以腹中有蠟丸，取下讀之，乃宋曹太尉給彼謀臣之信也，戎主大怒，誅其臣，並殺間僧。

例證2：五代時，梁帝攻岐，岐人堅城不戰，梁軍久攻不下。指揮高季昌遣馬景堅入岐人關塞，詐告岐人：「梁軍已東遁，僅餘萬餘人，至傍晚亦將遁去。」以引誘岐人出戰，岐人果聽之，結果中伏，被殲者，不知凡幾，此即高季昌以馬景堅爲死間。

註十：生間：指派赴敵國之間諜，並期在其蒐集情報後，能返國報告者。

例證：清末，中日甲午戰爭爆發前，日本曾派遣大批間諜到中國北部，就登陸地點的選擇，部隊運輸的方法，戰略目標的奪取……等多方面，進行調查，這些人所蒐集的情報資料，成為後來日軍參謀本部制訂作戰計劃的主要參考。

故三軍之事，親莫親於間，賞莫厚於間，事莫密於間；非聖智不能用間（註十一），非仁義不能使間（註十二），非微妙不能得間之實（註十三）。

註十一：非具備有聖哲的操守與智慧，不能使用間諜。

註十二：非具備有仁風義行者，不能指揮間諜。

例證：戰國時，信陵君仁慈恭儉，禮賢下士，一時四方之士，爭先投效，達三千人之多，藉此頗能掌握諸侯動態。一日，信陵君與魏安釐王下棋，北方來警－「趙國將入侵」王大驚，欲召議群臣，信陵君勸止說：「趙王是出來打獵，並非侵略我國。」於是繼續下棋但王心中仍不安。不久後，北方果來報－「趙王打獵，路過邊境，並非入侵。」王驚問信陵君何以先知，信陵君說：「門下食客中有能打聽趙王行蹤者，所以先知。」

註十三：若非具備有精微之思辨力與神妙鑑別力者，則無法從間諜處獲得真實有用的情報。

情報網建立後，情報資料必多，但往往前後矛盾，真僞互見，因此如何鑑別情報資料的真僞？並將之整理歸納成有用的資訊，即所謂「鑑別力」與「思辨力」。

例證：三國時，曹操中周瑜之「反間計」而殺蔡瑁、張允；二次大戰時，希特勒誤中盟軍之「聲東擊西計」而將重兵置於加萊區，而疏忽了對諾曼第當面之敵的警戒，皆是鑑別力與思辨力不足。

微哉！微哉！無所不用間也。間事未發而先聞者，間與所告者皆死（註十四）。

註十四：行間計劃尚未實施，即已洩露，則間諜與聞聽者，均處死。殺間諜，乃罪其洩密；殺聞聽者，則意在滅口。

凡軍之所欲擊，城之所欲攻，人之所欲殺，必先知其守將、左右、謁者、門者、舍人之姓名，令吾間必索知之。（註十五）

註十五：此爲戰術情報。在作戰前，對敵軍之主將、幕僚、客卿、甚至衛兵之各項基本資料，乃至生活習慣等，若能確實掌握，善加利用，必能克敵制勝。左右：爲主將之主要輔佐者。通指幕僚、顧或祕書等人員。謁者：爲接待賓客之人。門者：爲守衛、傳達。舍人：賓客或食客。

必索敵間之來間我者，因而利之，導而舍之，故反間可得而使也（註十六）；因是（註十七）而知之，故鄉間、內間可得而使也；因是而知之，故死間為誑事可使告敵；因是而知之，故生間可使如期（註十八）。五間之事，主必知之，知之必在反間，故反間不可不厚也。

註十六：意謂找出敵方派至我方的間諜，誘之以利，導之以義，使其成爲我方的間諜。

註十七：是指反間。意謂因反間的運作，鄉間、內間、生間、死間便可更順利的推展工作，所以下文說：「知之必在反間」。

註十八：如期：按時回報。

昔殷之興也，伊摯在夏；周之興也，呂牙在殷。故明君賢將，能以上智為間者，必成大功。此兵之要，三軍之所恃而動也（註十九）。

註十九：此爲戰略情報。參閱本篇註一。

伊摯：即伊尹。爲商湯滅夏的軍師，曾在夏朝爲官。

呂牙：即姜子牙。爲武王伐紂的軍師，曾在殷朝爲官。

# 第三篇　試論《孫子兵法》的要義與盲點

〔原載輔仁國文學報第十五期〕

壹、緒言：

《孫子兵法》一書，雖早已蜚聲國際，堪稱為世界兵學史上的重要著作，《孫子兵法》亦為先秦之書，是古書文言體，言簡意賅，所以歷來註家眾多，大致可分為文、武兩派，兩派各有專精，且優劣互補（註一），加上近來經貿往來頻繁，管理之學大興，「企管兵法」及「商戰兵法」遂應運而生，是為兵法的「和平」用途，兩者亦大體以《孫子兵法》為基礎。然筆者閱讀諸家論註，頗覺尚有未盡之言，尤以謀略思想為然，是以列表書文，提綱挈領，略陳一隅之見。

大體說來，《孫子兵法》的思想脈絡是延著以下兩大主題來開展的，一是如何不戰？二是如何戰？基本上，從第二篇至第六篇的主題是討論如何不戰？即一個國家要怎樣做，才能避免戰爭，這是安國的部分，為元首的本份；而第七篇至第十二篇的主題是討論如何戰？即一個國家要怎樣做，才能在戰爭中獲勝，這是全軍的部分，乃將帥之職責。至於第一篇〈始計〉是陳述如何不戰與如何戰的計劃原則，第十三篇〈用間〉則是說明蒐集戰略與戰術情報的原則，是踐履「先知」的要道，也是始計的基礎，兩者與兩大主題均有關係。所以《孫子兵法》不僅是將軍之書，更是帝王之學。

至其要義(如附圖)乃是以「實現國家利益」爲其最終目標，以「謀略」爲其基本方法。所謂兵法，乃是藉由謀略來貫徹國家利益的手段、方法和步驟。任何一個國家的謀略思考，包括開不開戰？如何不戰？如何戰？爲何戰？與誰戰？何時戰？何地戰？……等事項，均應以能否貫徹國家利益爲前提，而這些事項，都有賴其於始作之初，審愼的評估與週密的計劃，即所謂〈始計〉之意，至於始計是否得當？則取決於情報之蒐集是否完備？而情報之蒐集，則有賴於用間。其次，兵凶戰危。國家利益的實現，若能避免武裝開戰的過程，符合效益原理，因此應極力避免，不可訴諸迷信或情緒，「不戰而屈人之兵，善之善者也」（謀攻）。惟避戰首重建形（即建立力量），先立於不敗之地，能戰而後能和，並結合內、外情勢，運機乘時，以彰顯力量的效益。至若不得已必須開戰，則應奇正相生。以致敵節眾寡之用，以擊虛蘊全勝之機，分合爲變，以臻無形，此謂「迂直之計」也。而其終極目標則爲「安國全軍」(即實現國家利益之意)。安國即政治目的之達成，全軍則爲軍事目的之貫徹，兩者乃唇齒相依，互爲因果，切不可因一時軍事之得失，而犧牲長久政治之大利。此爲明君之所宜愼思而良將之所應警惕者也。此爲其思想大義，詳述如後。

至於孫子所處的年代，概約與孔子同時（約二千五百年前），是在春秋末期到戰國初期之間，當時爲封建列國時代，並無強勢的中央政府，鐵器尚未問世，戰鬥之勝負，往往取決於「肌肉能」(註二)，軍隊以步兵爲主，戰車爲輔，騎兵之使用，尚不普遍(註三)。但由於其使用大量的形上及抽象的語言，使得《孫子兵法》一書，頗能穿越時間的障礙而呈現其萬古的風華，甚至在身處第三波戰爭（註四）的今日，亦廣被世界所推崇。但是二千五百年來的推移，畢竟使得世界無論在政治、經濟、社會、文化等各層面均產生結構性的變動，而軍事對抗不論在型態、性質、戰略、戰術、戰法、戰具上，亦有著根本性的不同。因此，二千五百年前的《孫子兵法》未必全然充足，亦未必可一體適用，本文亦就其思想在現代戰爭適用上的不足與扞格不入之處，略爲研析。

## 貳、孫子的思想要義：

### 一、用間：

孫子認爲：「知己知彼，勝乃不殆；知天知地，勝乃不窮。」(地形)而用間爲「兵之要，三軍之所恃而動也。」(用間)又說：

> 不知敵之情者，不仁之至也，非人之將，非主之佐也，非勝之主也。明君賢將，所以動而勝人，成功出於眾者，先知也。(用間)

先知是始計的前提，爲求先知，必須用間，用間所得則爲情報，至於情報的內容即前文所提的己、彼、天、地四大項。若依現代的觀念歸納，其情報內容的層次，大略可劃分爲：戰略情報與作戰情報兩大層次。

所謂戰略情報是指影響力量建立的情報層次。蓋力量之建立乃是一種昂貴的投資，依效益原理，應先求知敵之情，以謀因敵制勝，〈虛實篇〉云：

> 策之而知得失之計，作之而知動靜之理，形之而知死生之地，角之而知有餘不足之處。

如此方可針對敵人之強點與弱點，逐一建立反制與擊虛之力量，才能達到先勝的目的。

所謂作戰情報是指影響戰力運用的情報層次。蓋戰場狀況，瞬息萬變，又常爲疑懼與不明所交織。先知敵軍動態與作戰地形要素，是戰力有效運用之關鍵。孫子相敵之道有三十三例：

> 敵近而靜者，恃其險也；遠而挑戰者，欲人之進也；其所居易者，利也。衆樹動者，來也；衆草多障者，疑也。鳥起者，伏也；獸駭者，覆也。塵：高而銳者，車來也；卑而廣者，徒來也；散而條達者，樵採也；少而往來者，營軍也。辭卑而益備者，進也；辭詭而強進驅者，退也；無約而請和者，謀也。輕車先出，居其側者，陣也；奔走而陳兵者，期也；半進半退者，誘也。杖而立者，饑也；汲而先飲者，渴也；見利而不知進者，勞也。鳥集者，虛也；夜呼者，恐也；軍擾者，將不重也；旌旗動者，亂也；吏怒者，倦也。殺馬肉食者，軍無糧也；懸甀不返其舍者，窮寇也。諄諄翕翕，徐與人言者，失衆也；數賞者，窘也；數罰者，困也；先暴而後畏其衆者，不精之至也。來委謝者，欲休息也；兵怒而相迎，久而不合，又不相去，必謹察之。（行軍）

而用地又區分爲「四軍」、「六形」、「九地」等項。所謂「四軍」即〈行軍篇〉所分的四種軍種即—山上、水上、斥澤、平陸。所謂「六形」、「九地」是指〈地形篇〉及〈九地篇〉所分的六種及九戰爭型態或地理形貌，即—通形、挂形、支形、隘形、險形、遠形及散地、輕地、爭地、交地、衢地、重地、圮地、圍地、死地。以上分法雖略嫌煩瑣，且多有重複之處，但非如此不足以形成系統化的資訊整合與情報分析，亦不足以爲始計之依據。

二、始計：

所謂「計」，是孫子遂行目標管理的策略。包括對目標的認知、達成目標的方法與順位及策略形成與運用的考慮因素等內容。

(一)目標的認知：

「兵貴勝，不貴久」(作戰)可見計的目標是勝利，至於何謂勝利，孫子說：

故善用兵者，屈人之兵，而非戰也；拔人之城，而非攻也；毀人之國，而非久也。必以全爭於天下，故兵不頓而利可全，此謀攻之法也。(謀攻)

可知孫子的勝利觀，僅止於此有限武力的運用，旨在屈服敵人，而不是殲滅敵人。而此目標的是否達成，則取決於廟堂之上，是否謹慎的估算？即所謂「未戰而廟算勝者，得算多也。」（始計）之意。而計須尚始，故稱「始計」。

（二）達成目標的方法與順位：

「上兵伐謀、其次伐交、其次伐兵、其下攻城。」（謀攻）可見其達成目標的方法有四，而其順位亦如次。

所謂謀是計劃、準備的意思；略是方法、策略的意思，伐謀是指以謀略相攻伐。一般說來，謀略的產生，必須按一定的思維程序（詳述後）；而謀略的本身又可區分爲：謀國之謀、謀政之謀、謀敵之謀、謀己之謀、謀軍之謀、謀戰之謀、謀和之謀（註五）。國家在不同的階段，需要有不同的謀略。謀略的目的，是安國全軍。

當一個國家進入了謀略的思考後，首先將面臨以下問題：

（1）國家有什麼力量？還需要建立什麼力量？

（2）國家有多少力量？能建立多少力量？

（3）要運用什麼力量？

(4)要運用多少力量?

(5)何時運用力量?

(6)在那裏運用力量?

(7)誰去運用力量?

要回答這些問題，則應該按照以下的思維程序:

(1)國家潛在的危機在那裡?假想敵為誰?

(2)解決衝突的方式是甚麼?

(3)戰爭的型態為何?

(4)可能的戰場在那裡?

這些是謀略思考的基本假設，謀略的運作是一種昂貴的投資，當然不能漫無標準。理論上，一個國家所遭受到的潛在威脅愈大，則其力量的建立必然愈週全而龐大，更具體的說，建立力量前要先瞭解「假想敵」有什麼力量?有多少力量?這當然涉及情報蒐集，〈虛實篇〉云:

策之而知得失之計，作之而知動靜之理，形之而知死生之地，角之而知有餘不足之處。

經由策、作、形、角的過程，瞭解到敵人力量的性質與規模後，再據以建立足以反制敵人之力量的性質與規模，這即是「因敵制勝」在建立力量中的意涵。其次，當國家確認了潛在威脅，找到了假想敵之後，接著要預想可能衝突的原因：是經濟因素？領土糾紛？宗教信仰？還是種族分離？……這跟衝突的性質有關；然後預想解決衝突的方式是什麼？是軍事的？還是非軍事的？這跟戰爭的型態有關。然後依據不同的性質與型態，逐一建立力量（準備戰爭）。這就是孫子在建立層面的「伐謀」。

至於謀略的運用（遂行戰爭），指的乃是戰場「詭道」的顯現。蓋兵凶戰危，如何以最小的代價，取得國家最大的利益，是其目的，其具體的方法，就是「欺敵」，孫子說：「兵以詐立。」（軍爭）就是這個意思。值得注意的是，在這個過程之中，需要不斷的透過假象以掩蓋真象，空留形式而偷換內容，用次要的「過場」沖淡主要的「劇情」，讓敵人產生一種虛幻的錯覺，而無法料定我的本意，其中自己力量的多寡並不重要，重要的是敵人認為我有多少力量？因此，引導敵人作成符合我軍期望的判斷，就是戰勝的前奏，稱為「示形」。〈始計篇〉：

能而示之不能，用而示之不用，近而示之遠，遠而示之近。利而誘之，亂而取之，實而備之，強而避之，怒而撓之，卑而驕之，佚而勞之，親而離之，攻其無備，出其不意，此兵家之勝，不可先傳也。

即其要領。

其次是伐交，伐交是指外交戰場的攻防戰，當認清了國家的潛在危機後，接著就是評估國際現實裡的敵友關係，以作爲「因敵制勝」的前提。也就是該拉攏誰？該找誰聯盟？該孤立誰？該分化誰？該打擊誰？的一種正確的選擇。而這種選擇的基礎，就是國家利益。

一般說來，國際間有共同利益需求的國家，是較可能形成聯盟的，《戰國策・齊策》說：「形同憂而兵趨利」，又說：「約於同形則利長」就是這個意思。這種共同利益所形成的聯盟，是國力的要素之一。但從另一方面說，既然是以利益需求爲導向，所以當其他利益的引誘或介入，超過原始利益時，也可能造成盟散約解的結果。所以瞭解敵國聯盟之中，利害糾結的關係，並進一步利用而分化其與盟友關係，使其日漸孤立而形同瓦解；至於本國則厚結敵人盟友，在積極上，使之成爲我之盟友，在消極上，使之保持中立，並全力鞏固本國與盟友關係，以壯大聲勢，像這種外交戰場上的攻奪，如果能在戰前就取得優勢，往往就是戰爭勝利的保證，所以〈兵勢篇〉說：「善戰者，求之於勢」指的就是這種外交上的優勢。

再其次是伐兵，關於伐兵，歷來註家的註解，皆嫌狹隘，梅堯臣註：「以戰勝。」李筌註：「臨敵對陣，兵之下也。」王晳註：「戰者，危事。」都是以軍事衝突的既成事實來解釋「伐兵」，其實這樣的解釋，只說對了一半，孫子思想中的伐兵，不僅有武力的，更有非武力的，總括而言，其軍事力量勝敵的方法有兩種：一是嚇阻，一是擊虛。

（1）嚇阻：

所謂嚇阻，依Henry E.Eccles的解釋，是指「一方運用其一切力量、武力、與破壞力的能量與意志，在敵方的心意中所產生的影響。」（註六）這個定義說明兩個重要事實：一是力量才是「嚇阻戰略」的憑藉，它包含保證摧毀的報復力量與意志；另一是嚇阻是對敵意志的影響力，換言之，必須假設敵對雙方是「理性的」，「嚇阻戰略」才有存在空間。

首先，就建立力量而言，「昔之善戰者，先為不可勝。」（軍形）孫子主張應先立於不敗之地，至於如何立於不敗之地？當然有賴於平時的準備戰爭，〈九變篇〉說：

用兵之法，無恃其不來，恃吾有以待之；無恃其不攻，恃吾有所不可攻也。

必須先「有」力量，才能抑制侵略者的野心，也才能有效預防戰爭的爆發。

其次，就理性角度而言，孫子的謀略思想是建立在理性的基礎上，一切的軍事對抗應摒棄私人好惡的非理性因素，〈火攻篇〉說：

主不可以怒而興師，將不可以慍而致戰。

這是孫子理性主義的明證。有了理性主義作基礎，才能確實「衡量敵人」與「被敵人衡量」。〈始計篇〉說：

夫未戰而廟算勝者，得算多也；未戰而廟算不勝者，得算少也；多算勝，少算不勝，而況無算乎？吾以此觀之，勝負見矣。

「廟算」正是理性衡量的結果。兩軍在交戰前，相互以理性評估對方，其間就存在著一方可能運用其一切力量、武力、與破壞力的能量與意志，在敵方的心意中產生影響。這也正是「不戰而屈人之兵」〈謀攻〉的意旨。

（2）擊虛：

在嚇阻仍無法預防戰爭後，國際間於是形成軍事衝突，但既使是漫延成軍事衝突，孫子仍主張儘量縮小戰爭的規模，以最小的代價，獲致最大的戰果，其具體的戰術思想，就是「擊虛」。已如前述，力量的建立是一種昂貴的投資，而國家的資源有限，軍事衝突又是一種昂貴的消費，所以擊虛就其運用上，也是一種高度的節約。既然講究節約，當然不能漫無標準，特別是軍事力量的建立與運用，更是如此。

基本上，軍事力量是建立在假想敵現況的基礎上，又可分爲反制與擊虛，反制是指針對敵人的強點，重點的加以防備，例如：敵人以兵車爲強，當然要建立防兵車的力量，若敵人以騎兵爲主，則需建立防騎兵的力量。〈軍形篇〉所謂的「其所措必勝」及「先立於不敗之地」，〈火攻篇〉的「恃吾有以待之」，深入建軍的層面看，正是建立反制兵力。其次是擊虛，擊虛是針對敵人的弱點，重點的加以準備，例如：騎兵可能爲未來戰場的決勝兵種，而敵人又慮不及此，則我全力發展，形成「祕密武器」，一旦戰爭爆發，必可全軍破敵，〈軍形篇〉所謂的「勝於易勝」「不失敵之敗也」正是針對此而言的。

㈢策略形成與運用的考慮因素：

有關孫子策略形成與運用的考慮因素，畢見於「五事」之中，〈始計篇〉云：

故經之以五事，校之以計，而索其情：一曰道、二曰天、三曰地、四曰將、五曰法。道者：令民與上同意，可與之死、可與之生而不畏危也。天者：陰陽、寒暑、時制也。地者：遠近、險易、廣狹、死生也。將者：智、信、仁、勇、嚴也。法者：曲制、官道、主用也。凡此五者，將莫不聞，知之者勝，不知者不勝。

其中所謂道是指雙方的國力因素，即是策略本身是否能增進我國國力及削減敵國國力？「令民與上同意」所強調的雖是國民心理力的彙集，是屬於政策推行後的結果，但毋庸置疑，必須有完善的政策，才能達成，至於推行何種政策方可達到厚植國家力量，並進而彙集的國民心理力的目的，《孫子兵法》並未明確交代，畢竟孫子是站在「將」的立場上發言的（註七）。天是指天候與時機因素，「陰陽、寒暑、時制也」是指自然氣候，策略形成與運用應考慮氣候因素，固毋庸贅言，惟「時機」因素，亦應一併列計，方顯週全，時機因素，孫子稱之爲「勢」，詳述於後。地是指地理環境因素，依先知原則，知戰之地，方可千里而會戰，「遠近、險易、廣狹、死生」是其知地要項，〈地形篇〉云：

> 夫地形者，兵之助也。料敵致勝，計險阨遠近，上將之道也。知此而用戰者必勝，不知此而用戰者必敗。

「料敵致勝，計險阨遠近」即可視爲孫子用地原則的總綱領。將是指將士訓練因素，「智、信、仁、勇、嚴」武德所涵蓋者，一爲道德，二爲能力，亦即將領的道德能力是否能有效的掌控軍隊，使之能從一定之方針而取必勝之行動，這也是策略成敗的關鍵因素之一。法是指軍心士氣因素，「曲制、官道、主用」所涵蓋者，一爲制度，二爲賞罰，亦即是否能彰顯法的支柱功能、評價功能、動力功能及導向功能（註八）。孫子認爲能充分考慮以上因素者，必勝必成，不能充分考慮以上因素者，必敗必亡。

### 三、如何不戰：

大體上，孫子思想是先求「如何不戰」再求「如何戰」，其思想是來自於對兵災戰禍的慘痛認知。〈作戰篇〉云：

> 孫子曰：凡用兵之法，馳車千駟，革車千乘，帶甲十萬，千里饋糧；則內外之費，賓客之用，膠漆之材，車甲之奉，日費千金，然後十萬之師舉矣！

作戰，李筌註：「先定計然後修戰具，是以戰次計之篇也。」實亦即備戰之意。如果說天下絕無廉價的和平，那麼戰爭即是昂貴的消費，古今皆然。孫子把戰爭視爲消耗國家資源的魔鬼。「日費千金」正指出戰爭的嚴重消耗。戰爭既然有嚴重的消耗性，因此在發動戰爭之初，首先要評估其效益，正確的制權——亦即我需要花費多少的成本，來取得因戰勝而獲得的利益？風險有多大？划不划算？投資報酬率是多少？這就是效益原理。這種評估原理與商業投資的評估原理，十分類似，任何的一種商業投資，均希望以最少的支出獲取最大的利潤，用兵亦然，因此需要講究節約。孫子主張「速戰速決」、「因糧於敵」、「取敵之貨」、「善卒養之」等觀念，總謂之「勝敵益強」（作戰），都是希望用最少的代價，來獲得最大的利益，這即是效益原理。

其次，國際間的征戰，既起因於征戰雙方的「利益衝突」，而訴諸武力解決後，敗者固然覆滅亡身，喪權辱國；勝者卻往往也國疲民困，得不償失；甚且導致他國乘敝而起，坐收漁利。而戰爭爆發後，不可預知的變數極多，廟算畢竟只是蓋然率，任何環節的偶發事件，均可能破壞廟堂算定的軍國大計。這些風險認知，因而使避戰思想更具說服力。

至於其運用上，則是儘量避免以武裝衝突爲手段，「不戰而屈人之兵」即是經常被提起的理念，其方法是「屈人之兵，而非戰也；拔人之城，而非攻也；毀人之國，而非久也。」（謀攻）如此方能「兵不頓而利可全。」（謀攻）其目的是全存敵己，以求雙贏。王建東說：

「全」乃保全和全存之意義，即全存他人之國家，全存他人之軍隊；不必經過大軍經年累月之大會戰、去攻陷敵國國都，俘虜敵國元首；而是以不流血方式，獲得一國之國家戰略目標；亦正所以保全自己國家免受戰火蹂躪之禍，保全自己軍隊避免大量傷亡損耗之慘，而其獲致勝利之成果則一也；此即謂之「全勝」。（註九）

這是一種藉由政治目的來限制戰爭的思想，因此即使不幸漫延成武裝衝突，也可以獲得一個較爲理性的控制。此外，就節約原理觀之，未經慘烈的戰爭，即獲得完整的政治（軍事）利益，符合效益原理，實爲古今賢君良將所極欲追求者。然就理念觀察，「不戰而屈人之兵」其實是將軍事問題擺在政治的層面來思考，因此避免武裝衝突的另一層意義，也就是尋求政治的協商，以化解衝突。然而尋求政治的協商，亦必須以實力爲後盾，〈九變篇〉云：

用兵之法，無恃其不來，恃吾有以待之；無恃其不攻，恃吾有所不可功也。

換言之，避戰的另一個意義是備戰，無備戰即不足以言避戰。而備戰，孫子謂之建形。

（一）建形：

軍形在《宋本十一家註孫子》中，只單稱之爲「形」，曹操註爲：「軍之形也。」歷來學者均以曹註爲宗，故《武經七書》中複稱之爲軍形，其意乃在突顯用形的層面。大體說來，孫子所謂的「形」，概指恒常的，固定的，客觀的，習慣的及外顯的力量形式。

「形」字在《孫子兵法》中，扣除其重複者，總共出現了三十二次，約而言之，有以下三種意義：一爲形跡；二爲地形；三爲形態，茲分別述之如後：

（1）形跡之義：

形跡之「形」，在《孫子兵法》中，出現了六次，分別列舉如下：

鬥眾如鬥寡，「形」名是也。（兵勢）

渾渾沌沌，「形」圓而不可敗也。（兵勢）

曹操註：「旌旗曰形。」杜牧註：「形者，陳形也。」所謂「陳形」，即是古代作戰方式的一種外觀形式，陣形部署之周密，稱爲「形圓」，它必須藉著旌旗爲符號，才能組織及指揮陣形的運作，所以旌旗就成爲軍隊形式的外在形跡，及其力量的象徵，因此只要能掌握旌旗的數量，動向，及其各種符號所代表的意義，也就能充分瞭解軍隊的大小和動態。形跡是可以偵察而知的，也是情報判斷的基礎。

而偵察敵人的形跡，孫子稱爲「相敵」，其偵察要項，〈行軍篇〉述之甚詳——「近而靜者，恃其險也。」以下共有三十三項。如此詳細的列舉，儼然是一套情報偵搜的準則。對敵人的形跡應仔細偵察，而對我軍的形跡，則要做到隱匿無形，〈虛實篇〉云：

> 微乎！微乎！至於無「形」。（虛實）
>
> 形人而我無「形」，則我專而敵分。（虛實）
>
> 形兵之極，至於無「形」，無「形」則深間不能窺，智者不能謀。（虛實）

無形才能使敵無跡可尋，梅堯臣註：「無形則微密不可得而窺。」正是此意。如此才能拘束敵人而不被敵人所拘束。

### （2）地形之義

地形之「形」，在《孫子兵法》中，出現了十三次，分別列舉如下：

「形」之而知死生之地。（虛實）

不知山林、險阻、沮澤之「形」者，不能行軍。（軍爭）

將不通九變之利者，雖知地「形」，不能得地之利矣！（九變）

地「形」有通者，有挂者，……通「形」者，……挂「形」者，……支「形」者，……隘「形」者，……險「形」者，……遠「形」者，……。夫地「形」者，兵之助也。（地形）

不知地「形」之不可以戰，勝之半也。（地形）

正如積水在千仞之谿或十仞之谿，其潛能是不同的，地形的險易遠近對於力量的發揮，也具有決定性的影響。所謂地形，是指地表的各種形貌，如山川沼澤，湖泊道路……等等，〈始計篇〉說：

地者：遠近、險易、廣狹、死生也。

指的是地表形貌在軍事上的意義和價值。事實上，在軍事上，佔據險要的地形，可以形成有利態勢，而在某些特種地形設下埋伏，更可重創敵軍，獲得決定性的勝利。因此，在作戰過程中，地形的偵搜與評估，至爲重要，孫子稱爲「形之」。不同的地形會有不同的戰略，不同的戰術，而產生不同的力量。「四軍」、「六形」、「九地」就是討論各種地形與力量之間的關係。

（3）形態之義

形態之「形」，在《孫子兵法》中，出現了十三次，分別列舉如下：

勝者之戰，若決積水於千仞之谿者，「形」也。（軍形）

強弱，「形」也。（兵勢）

王晳註：「形者，定形也，謂兩敵強弱有定形也。」其所謂的「定形」指的是力量的客觀形式，亦稱之形態或態勢。正如積水之在千仞之谿，其潛在的能量是水之數量與千仞之高的相乘積。李筌註：「形謂主客，攻守，八陣，五營，陰陽，向背之形。」是說力量是一種客觀而多層面的存在，但大體而言，仍需以形爲體。

故善動敵者，「形」之，敵必從之。（兵勢）

「形」人而我無形。（虛實）

「形」兵之極，至於無形，無形則深間不能窺，智者不能謀。因「形」而錯勝於衆，衆不能知；人皆知我所以勝之形，而莫知吾所以制勝之「形」，故其戰勝不復，而應「形」無窮。夫兵「形」象水，水之「形」，避高而趨下，兵之「形」避實而擊虛……故兵無常勢，水無常「形」。（虛實）

以上諸「形」皆概指形兵而言，亦由形態之義引申而來，形態本義爲客觀的力量形式，但亦可將此形式，示形於敵，以達成我方的意圖，稱爲「形兵」。因此形兵其實是一種力量的「謀略化」，即是在謀略的過程中，創造出先勝的態勢，也正是詭道的表現，其中客觀力量的大小，並不重要，重要的是敵人對於我方力量大小的主觀認知，所以引導敵人形成符合我方期望的認知，稱爲：「爲敵之司命」（虛實）就是形兵的目的。

然而，形兵者爲人，而人有習慣，因此在過程中，應避免落於形式主義的窠臼而墨守成規。積極上則應掌握敵人習慣以形兵，可以因敵制勝，例如：「忿速可侮，廉節可辱。」（九變）因此，善謀者不應有強烈的習慣，特別是情緒上的。至於，形有客觀的數量、外顯、可偵知，所以偷天換日，以假亂真，欺騙敵間，以誤導敵謀，所以外形非真形，亦是無形，此即示敵以形，例如：「能而示之不能，用而示之不用，近而示之遠，遠而示之近。利而誘之，亂而取之，實而備之，強而避之，怒而撓之，卑而驕之，佚而勞之，親而離之，攻其無備，出其不意」（始計）等項均屬之；另形亦有固定的範圍，可以恆常的實施，修道保法，以成勝敗之政是也，此亦外在形態，但施行若久，早已爲敵所偵知，且容易導致形式掛帥，名實不符，所以「施無法之賞，懸無政之令。」（九地）不僅能維持行政彈性以應不虞之變，亦能恢宏志士之氣，造成「滾圓石於千仞之山」（兵勢）的氣勢。要之，所謂的無形，並非無一形之可觀，而是審機度勢，信手拈來，處處皆可以爲形。處處皆可以爲形，則處處皆不是形，是謂無形，亦即不拘泥之意。

總之，形跡、地形、形態三者，雖然意義略有不同，但其作爲力量之客觀形式的詮釋則一，而在國家的施政中，則泛指一切準備戰爭的總稱。〈軍形篇〉：

> 善用兵者，修道而保法，故能為勝敗之政。

賈林註：

> 常修用兵之勝道，保賞罰之法度，如此則常為勝，不能則敗。

所謂「勝敗之政」即指準備戰爭而言。舉凡一切的用兵之勝道，賞罰之法度，均需在平常就應建立的。換言之，軍形是針對建立力量及形成力量而立論。有了軍形，示形可更有選擇，稱爲「形兵」。形兵是力量的謀略化，其內容更涵蓋戰爭的各層面，有戰略階層，如力量的建立與統合，戰爭型態的預想與判斷，地緣戰略的分析與利用；戰術階層如作戰類別，陣營部署；以及天時氣象，地形環境等項目均包含在內。而這些涵蓋平戰兩時的基礎條件，其實也正是建立軍形的參考指標。此外，軍形的外觀是可查知的，也是情報判斷的必要程序，所以「隱形」是消極的保密之道，「示形」則爲積極的欺敵之道。

「軍形」是謀略思想的準備過程。蓋國際的對抗，經常是沒有確定性，而戰火的延燒，一般也不會先有預警，因此平時積極的準備戰爭，以建立力量，是一個國家安全鞏固的基礎。即使猝然遭受外來武力的攻擊，也可以一戰，而避免國家的敗亡。孫子說：「兵者，國之大事，死生之地，存亡之道，不可不察也。」〈始計〉《司馬法》：「天下雖安，忘戰必危。」（註十）皆是從這個角度出發。

然而戰爭應如何準備呢？大體說來孫子是以〈軍形篇〉及〈兵勢篇〉，爲其基本的理論基礎，輻射到其餘篇章而形成完整的謀略思想。所以「形」與「勢」是孫子謀略思想中的兩翼，也是研究孫子謀略思想的不二法門。李啓明說：

「形」是戰略態勢之體，「勢」乃戰略態勢之用，「用」必是「力」的表現。所以「勢」是戰略態勢施加於敵人心理物理兩方面之壓力。（註十一）

李啓明用純軍事的眼光釋「勢」，雖失之狹隘，但其用戰略態勢的「體用」理論來解釋軍形與兵勢之間的互動關係，則是頗能架構孫子的軍事思想。

（二）創勢：

勢是孫子謀略思想的另一翼，在〈始計篇〉中首先出現「勢」這個字眼，說：「計利以聽，乃爲之勢，以佐其外；勢者，因利而制權也。」其中第一個勢被當作動詞用，是佈局、造勢的意思，指的是依計而造勢；第二個勢被當作名詞用，闡述造勢佈局的指導原則，必須要「因利制權」。不過，整體說來，勢是指客觀形式的附加力量或外在的客觀環境裏所蘊藏的力量，正如流水之於行船，風向之於紙鳶，這種無形之勢的動能，甚至可能凌駕客觀之形之上。例如：

激水之疾，至於漂石者，勢也。（兵勢）

石頭原比水重，但在激水的衝擊下，亦可能漂移。在現實世界裏的謀略運作，若不知順勢而爲，將如漂流之石，即使殫精竭慮，亦將事倍功半，因此能否因勢利導，以爲我所用，則是謀略巧拙，效益高低及戰爭勝負的關鍵。

至於勢的存在，則是客觀普遍而不分敵我的，可爲任何人所用，所以說：「勢險」；又說：「勢如張弩」（兵勢）。這種潛藏的勢力，必須有效的節用，才有意義，能節用得恰到好處，毫無間隙，有如鷙鳥之擊或括機之發，過與不及，均會破壞謀略的圓融，故稱爲「節短」。

計既需因勢而造，所以在計利之前，首先必須明白勢在那裡？勢可以是國際社會縱橫捭合下的「大勢」、可以是社會人心歸向下的「趨勢」、可以是有形力量所形成的一種「態勢」、可以是軍略地理下的「地勢」、也可以是激兵勵士下的「氣勢」、更可以是人們心理及思維習慣裏的「定勢」……等等。聰明的人懂得去運用各種不同的勢，而達到事半功倍的效果，稱爲「勢如破竹」，王晳註：「勢者，積勢之變也。善戰者，能任勢以取勝，不勞力也。」就是這個意思。勢是可以透過人工，巧妙的加以創造及運用，稱爲「創勢」或「造勢」。

善戰者，先求勢而後擇人，這是孫子用勢的基本理念。求勢即所謂創勢（或稱造勢），即創造有利於我方謀略示形的客觀條件，而臨陣對敵中，最常造的勢爲氣勢，〈兵勢篇〉云：

任勢者，其戰人也，如轉木石，木石之性，安則靜，危則動，方則止，圓則行。故善戰人之勢，如轉圓石於千仞之山者，勢也。

孫子用「木石之性」來比喻人心的「安則靜，危則動，方則止，圓則行」，而營造氣勢更有如轉動木石，在過程中隱害揚利，教導刑逼，恐兼而有之，整個過程有如指揮者與被指揮者之間的一場心理戰，故稱之爲「戰人」。不過氣勢易造，時勢卻難預知，所以說：「勝可知，而不可爲」（軍形）；在時勢未成熟前，唯有等待，〈軍形篇〉云：

昔之善戰者，先為不可勝，以待敵之可勝；不可勝在己，可勝在敵。

等待也是另一種形式的求勢，不等於消極。王皙註：「可勝者，有所隙耳。」就是說必須等待敵敗象初露之時，方可採取行動，至於敵人的敗象何時會出現？則非我方可以完全掌握的。

四、如何戰：

在歷史上，戰爭是作爲政治鬥爭的終極手段。當雙方訴諸戰爭來解決政治爭端時，即表示彼此的關係是零合的，克勞塞維茲(Carl von Clausewitz)稱之爲「兩極性的原理」（註十二），就是說戰敗者必須屈從戰勝者的政治主張，並接受被支配的命運。所以在戰場上，勝利是無可取代的，只有獲得勝利，才能實現國家利益，貫徹政治主張。而追求勝利，是古今明君良將所致力追求者，就是所謂的善戰，現代人稱之爲「戰術」。

但是何謂勝利呢？從《孫子兵法》的內容分析，勝利的等級概可分爲三：一是全勝，二是易勝，三是慘勝。全勝是透過非軍事手段，永除彼此的爭端，由於未經戰爭的慘痛過程，所以有利於敵對意識的化解，是爲雙贏，屬於伐謀的層次。至於易勝和慘勝，皆是使用軍事工具，來爭取的勝利，兩者的差別在於代價的高低，易勝自然比慘勝所支付的代價要低，而代價的高低，則與戰術的優劣，息息相關。

所謂戰術，是屬於戰爭爆發之後才有的問題。是屬於戰爭技術層面的問題。孫子用了正合與奇勝兩個觀念來加以涵蓋。整體言之，要能做到「疾如風」即行動迅速快如風、「徐如林」即行止嚴整列如林、「侵掠如火」即攻敵行動猛如火、「不動如山」即待機防禦安如山、「難知如陰」是指軍形如陰雲避日，隱密難窺、「動如雷霆」則指行動如九天驚雷，震憾動搖。（軍爭）

（一）正合：

在戰術上，所謂正合，曹操註：「正者當敵。」乃是以力量從正面牽制或打擊敵人之意，亦即攻堅之意。攻堅作戰向來爲孫子所反對，理由是攻堅作戰經常造成人力、物力的鉅大消耗，不符效益原理。然而在作戰過程中，經常爲了實現整體謀略的迂迴，有時必須以部份力量從正面牽制或打擊敵人，可因此而獲得決定性的勝利，所以在評估其成本效益後，値得消耗少量的人力、物力，以換取重大的勝利。此外，正合的另一種方式爲擊破敵人的重要據點，藉以重創敵軍，在獲得決定性的勝利後，可以結束戰爭，以貫徹政治目的，此亦符合效益原理。這些是孫子所不這是反對的，亦即其所謂的「迂直之計」。所以正合應視爲戰術的手段之一。

當然，遂行以上戰術，必須以能立於主動的地位，並且可以支配戰局的走向與洞悉敵人的企圖爲前提。〈虛實篇〉云：

> 善戰者，致人而不致於人。

其中的致即是拘束之義。要知道，牽制或攻堅，行之不當，往往全軍覆滅，因此在未確保我軍能有出入戰場的充分自由，及有效掌握戰局的走向與敵人的企圖前，萬萬不可輕易嚐試。而這正也是軍爭之難。

〈二〉奇勝：

至於奇勝，曹操註：「奇兵從傍擊不備也。」是指出敵意表而獲勝，亦即我方之行動隱匿無形，不被敵方所預期，故能獲勝，稱之奇勝，奇勝是廉價的勝利，符合效益原理，是古今名將所致力追求者。〈兵勢篇〉云：

善出奇者，無窮如天地，不竭如江河，終而復始，日月是也，死而復生，四時是也。

出奇致勝要能向江河天地般無窮無盡，日月四時般循環不息。〈兵勢篇〉又云：

戰勢不過奇正，奇正之變，不可勝窮也。

這是說奇勝必須與正合分合爲變，才顯大用。蓋奇勝與正合本爲相對概念，若無奇勝，則正合如同攻堅，不過是以力取勝，毫無智謀可言；而若無正合，奇勝亦恐爲軍事冒險，勝算不大。所以奇必須與正交替運用，才能造成應形無窮的智謀，有奇無正或有正無奇，均非勝兵，這也正是〈兵勢篇〉所說：「奇正相生。」之要旨。

然而所謂奇正的認定，並不在我方的主觀願望，而在敵方的客觀認知，杜牧註「分合爲變」云：

分合者，或分或合，以惑敵人。觀其應我之形，然後能變化以取勝也。

因此今日之奇，可能爲明日之正；今日之正，又可能爲明日之奇，關鍵在於我方之企圖是否已經暴露？

若是已經暴露，就必須因應調整，以符實際，這是應變原則。所以本質上，奇亦謀略示形之意，消極面要求我方之隱匿無形，積極面則求形人致敵，然後分合爲變，以臻於幻化無窮之境界。

五、安國全軍：

勝利雖然是兵法所追求的，但是勝利的結果，若不能達到安國全軍的目的，將毫無價値與意義。其中所謂安國是指政治目的之達成，而全軍是指軍事目的之貫徹。全軍乃安國之根本，安國乃全軍之目的，兩者之間，唇齒相依，互爲因果。

所謂安國（政治目的）是指兩國爭端的根本解決，從而使交戰雙方放棄敵對的意識，永締和盟。在這個過程中，特別要注意使用軍事手段的有限性，即凡與政治目的無關的爭殺，概應避免，萬萬不可因追求一時軍事作戰的勝利，而悖離了解決兩國爭端的原始目的，這是孫子全勝之意旨，亦即《尉繚子》所稱的道勝（註十三）。關於道勝，〈始計篇〉有云：

道者，令民與上同意。

十一家註多以恩信、仁義、教令釋道（註十四），但全勝既然要求「全存敵我」，因此恩信仁義之心，亦應遍及敵國百姓，才是長治久安之道。〈火攻篇〉云：

夫戰勝攻取，而不修其功者凶，命曰費留。故曰：明主慮之，良將修之，非利不動，非得不用，非危不戰。主不可以怒而興師，將不可以慍而致戰；合於利而動，不合於利而止。怒可以復喜，慍可以復悅；亡國不可以復存，死者不可以復生。故明主慎之，良將警之，此安國全軍之道也。

其中「費留」之意，即頗足推敲。筆者認爲：「費是浪費，留是暴師久留，意謂戰勝攻取後，若不能與敵國重修舊好，根本化解敵我的衝突，以維持既有的戰果，則必將浪費財力物力，暴師久留，終必損及國家利益，故曰『凶』。」（註十四）從軍事觀點視之，爭取敵國百姓的向心，近期則有利於摧敗敵軍，贏得軍事作戰的勝利，佔領敵國後，亦可獲得敵國百姓的充份合作，而避免暴師久留；長期也易使兩國重修舊好，而放棄敵我的界限。

所謂全軍（軍事目的）亦即易勝之意，此時兩軍對峙之局，已然形成，雙方各自使用軍事工具，企圖用極少的代價，而大收勝利的果實。易勝乃謀略所致，其方法有二：一爲嚇阻，另一爲擊虛。嚇阻是防禦性的，可以不戰而保全政治利益；擊虛是攻擊性的，可以一戰而結束戰爭，均符合易勝之意旨。

## 參、孫子思想的盲點與限制：

一、對戰爭的性質不作分析：

現代的戰爭，就原因而言：可區分爲種族戰爭、革命戰爭、宗教戰爭、殖民戰爭、國家戰爭、思想戰爭……等等；就程度而言，可區分有限戰爭、無限戰爭；就方式而言：可區分爲正規戰爭、非正規戰爭……等等，不同性質的戰爭，在備戰指導、作戰指導、終戰指導乃至戰後的和平指導，自然有所不同。而《孫子兵法》成書於春秋戰國時期，當時所能見到的戰爭型態，仍十分單純，因此無法提供足夠的素材，以作爲戰爭性質的分析，以致〈始計〉的內涵，略顯空洞。

其次，孫子處在一個兵連禍結，諸侯爭霸的時期，亦正是孟子所謂：「春秋無義戰」（註十六）的時代，《孫子兵法》一書亦本爲孫子進獻吳王闔閭而著，其中自然充滿著濃厚的稱霸思想，一切的謀略作爲是以能否貫徹「國家利益」亦即稱霸目標，爲最高之考量，頗有鼓勵侵略之嫌，其間或偶有講仁論義之時，也是因其符合國家利益，〈火攻篇〉云：

> 非利不動，非得不用，非危不戰。……合於利而動，不合於利而止。

可視爲孫子利動原則的最佳詮釋。然在現今的國際社會中，這樣的觀念卻不全然正確。蓋國際既成社會，則國家的戰爭行爲，自應接受《國際公法》的約制，符合國家利益的戰爭，若抵觸《國際公法》，也不應發動。否則，世界各國競相擴張國家利益，國際戰爭豈非此起彼落？

## 二、武德不言忠，極易導致將帥專權：

《孫子兵法》六千字，屢言「亂軍引勝」（謀攻）、「將能而君不御者勝」（謀攻）、「君命有所不受」（九變），似乎賦予將帥可以不服從君命的特權，但是通篇卻不見一個「忠」字，這跟西方在「國家主義」興起後的兵學名著，首先要求將領對國家的忠貞，實大異其趣。其結果極易導致將帥專權，甚至造成軍閥割據的亂局。至於孫子不言忠，其實有其特殊的時代背景。

首先，春秋戰國時期，共主衰微，王命不行，列國興起，諸侯爭霸，此時效忠的概念，首先面臨嚴重的衝擊，即誰才是軍人應效忠的對象?是大有疑問的。孔子雖說：「主忠信。」（註十七）又說：「君事臣以禮，臣事君以忠。」（註十八）又說：「孝慈則忠。」（註十九）而朱熹註之爲：「盡己之謂忠。」（註二十），顯見其中並沒有僵化的忠君思想。而大體言之，儒家對於忠君是有條件的，即君先有禮，君先孝慈才忠，而孟子講得更露骨「聞誅一夫紂矣，未聞弒君也。」（註廿一）這種革命征誅的思想，對於忠君觀念，自然造成嚴重的衝擊，而「兵」處在這個漩渦之中，是動輒得咎的，因此乾脆略而不談。此其一。

其次，當時也沒有效忠國家的觀念。孔、孟之周遊列國，尋求用事，未必專以父母之國爲限，且謀士客卿盛行，楚材晉用之例，更是屢見不鮮，以孫子本身爲例，孫子爲齊國人，在吳爲將，兵法爲孫子獻於吳王闔閭的著作，若言忠君，則吳王首應效忠於周天子，如此稱霸即是不忠，吳王豈能接受；若言忠國，則孫子爲齊人而在吳爲將，吳國又豈會信任其效忠吳國？所以所獻兵法乾脆不提忠字，此其二。

《孫子兵法》既未言忠，而對於君將之關係，則仍然是從國家利益的角度出發，〈地形篇〉云：

> 戰道必勝，主曰：無戰，必戰可也；戰道不勝，主曰：必戰，無戰可也。故進不求名，退不避罪，唯民是保，而利於主，國之寶也。

這種「進不求名，退不避罪，唯民是保，而利於主」的態度，雖亦能規範將領某種程度的忠誠度，但卻不能視爲政府正常的決策模式。要知道，戰爭爲維護國家利益之重要活動，其問題牽涉層面甚廣，小不忍，則亂大謀，有時候一隅之得，甚至可能貽喪大局。而此所謂大謀、大局，就不純指軍事而言，又豈是前方將帥所能事事明白？而孫子說：「戰道必勝，主曰無戰，必戰可也。」則將領未免失之於專權武斷，甚至可能藉此圖謀一己之私利，而危及國家利益。蘇東坡在〈孫武論〉一文中就提出質疑說：

> 夫天下之大患……患在將帥之不力，而以寇讎敵國之勢內邀其君，是故將帥多而敵國愈強，兵加而寇賊愈堅，則將帥之權愈重；將帥之權愈重，則爵賞不得不加，夫如此則是盜賊為君之患，而將帥利之，敵國為君之讎，而將帥幸之，舉百倍之勢，而立毫芒之功，以藉其口，而邀利於其上，如此而天下之不亡者，特有所待耳。（註廿二）

蘇東坡認為：將帥專權，適足以養寇自封，天下之患，在於將帥之不力耳。因此說：「天子之兵，莫大於御將。」（註廿三）對於積弱的宋代，實亦有導正之意。

三、愚兵思想的限制：

孫子處在肌肉能的戰爭時代，戰爭勝負的關鍵建立在士兵的武勇上，而為激勵士兵的武勇，將帥經常要隱害揚利，甚至不惜置之死地以求勝。〈九地篇〉云：

> 將軍之事，靜以幽，正以治；能愚士卒之耳目，使之無知。易其事，革其謀，使人無識。易其居，迂其途，使人不得慮。帥與之期，如登高而去其梯；帥與之深入諸侯之地，而發其機，焚舟破釜，若驅群羊，驅而往，驅而來，莫知所之。聚三軍之眾，投之於險，此將軍之事也。九地之變，屈伸之利，人情之理，不可不察也。

從其中的「愚士卒之耳目」、「登高而去其梯」、「若驅群羊，驅而往，驅而來，莫知所之。」及「聚三軍之眾，投之於險。」等字句看來，《孫子兵法》實充斥著濃厚的愚兵思想，在當時教育不普及，士兵以未受教育者居多的情況下，愚兵容易而有效；況且戰場乃死生之地，貪生怕死又是人之常情，為求勝利，也必須愚兵，所以孫子稱之爲「將軍之事」、「人情之理，不可不察也。」但是現今的戰爭型態已大異於往昔，科技進步，資訊爆發，並已蔚爲國力之主流，肉搏戰將逐漸淡出歷史的舞台，也就是說戰爭勝負的關鍵，已不全在於士兵是否武勇了，論者雖以爲「愚士卒之耳目」僅係割斷士卒與外界的資訊接觸，使士卒除軍令外，一無所知，以利於將帥之統御而已，並非排斥知識，更不是愚兵。但筆者以爲：現代社會要割斷士卒與外界的資訊接觸，談何容易！當無法隱瞞之時，又仍一再誤導，恐將上下解體，又何能「上下同欲」（謀攻）？長期以來，軍隊割斷與外界的資訊接觸，而導致其封閉停滯的結果，筆者以爲：實應歸本於此。

正如西哲所云：「知識就是力量。」近來美國未來學家艾文・托佛勒夫婦（Alvin and Heidi Toffier ）在其合著的《新戰爭論》一書中，也首倡「知識戰略」之說，他們認爲：

隨著第三波戰爭型態逐漸成形，一種新的「知識戰士」也已經出現。「知識戰士」不見得一定要著軍服，指的是那些深信知識可以打贏戰爭，或是遏止戰爭的知識份子。從他們的所作所為，我們可以看出原本一個非常狹窄的技術性議題，如何逐步進展為有朝一日也許可稱之為「知識戰略」的普遍觀念。（註廿四）

事實上，隨著人類科技的發展，未來戰爭的勝負，必將取決於知識整合的成效，而武器系統的日趨精密，也意謂著操作士兵的素質需要大幅的提昇。再加上近來民主政治的推動，人權思想的興起，使得在戰場之上，是否仍能事事「愚兵」？抑或應該事事「愚兵」？均值得再商榷。

## 四、孫子對地形與戰術之關係的闡述，在戰爭型態改變後，不盡正確：

孫子以「地」爲一切計劃的起點要素之一，概分地形爲「四軍」、「六形」、「九地」。揆諸原始用意，乃是歸納不同地形，以作爲備戰與作戰的指針。所謂「四軍」：是指山上、水上、斥澤、平陸等四種，是就軍種需要來組合，符合軍制學原理（註廿五），然隨著時代變遷，亦可增併；至於「六形」與「九地」，則頗難確然劃分，然大體亦可依地表特徵概分爲：通形、交地、衢地、爭地、挂形、支形、隘形、險形、圮地；及戰爭型態概分爲：散地、輕地、重地、遠形、圍地；至於死地，則屬於心理的境地。不同的地理要件，應有不同的作戰構想，這是孫子的基本假設，根據這項假設，所以產生如：

> 通形者，先居高陽，利糧道，以戰則利。挂形者，敵無備，出而勝之，敵若有備，出而不勝，難以返不利。支形者，敵雖利我，我無出也，引而去之，令敵半出而擊之利。隘形者，我先居之，必盈以待敵；若敵先居之，盈而勿從，不盈而從之。險形者，我先居之，必居高陽以待敵；若敵先居之，引而去之，勿從也。遠形者，勢均，難以挑戰，戰而不利。（地形）

及

交地則無絕，衢地則合交，爭地則無攻。圮地則行。散地則無戰。輕地則無止。重地則掠。圍地則謀。死地則戰。（九地）

等等的戰術準則。然而隨著科技的進步，人類有能力去改變自然環境以迎合自己的需要，以及新戰具的發明，已經可以突破地形的障礙，以致孫子所論特種地形，已不全然符時代的需要。譬如：逢山可以開路，遇水可以搭橋，甚至空中亦可以機動，因此支形可出，圮地可舍，絕地可留，死地則未必應戰。大體戰術屬技術層面，本在工具產生後，才能有的思考，諸如：先有航空器，才可能據以產生空權論及空中戰術；先有航海器，才可能據以產生海權論及海面戰術。而孫子處在肌肉能的戰爭時期，又怎能期望他能爲科技能的戰爭預設戰術？

五、後勤思想，缺乏道德的正當性：

所謂後勤，依據《陸軍後勤要綱》的定義是：

如何運用人力、物力、財力，以建立與增進戰力，並支持戰爭之科學與藝術。（註廿六）

蓋戰爭中，人員會傷亡，物資會損耗，所以人力、物力的整補，是後勤的首要任務，也是維繫有效軍隊的基本要素。後勤必然隨著戰爭的拖延持久，而逐漸增加其需要，終於造成國家財力的龐大負擔。〈作戰篇〉云：

> 夫兵久而國利者，未之有也，故不知用兵之害者，則不能盡知用兵之利也。善用兵者，役不再籍，糧不三載；取用於國，因糧於敵，故軍食可足也。國之貧於師者遠輸，遠輸則百姓貧；近於師者貴賣，貴賣則財竭，財竭，則急於丘役。力屈財殫，中原內虛於家，百姓之費，十去其七；公家之費，破車罷馬、甲冑矢弩、戰楯蔽櫓、丘牛大車，十去其六。

因此爲減輕國家財政的負擔，自然產生「因糧於敵」及「因補於敵」的觀念。

> 故智將務食於敵，食敵一鍾，當吾二十鍾；萁秆一石，當吾二十石。故殺敵者，怒也；取敵之利者，貨也。故車戰，得車十乘以上，賞其先得者，而更其旌旗，車雜而乘之，卒善以養之，是謂勝敵益強。

這種後勤思想，乃基於效益原理，藉由「因糧於敵」（作戰）、「取敵之貨」（作戰）、「善卒養之」（作戰）、「掠鄉分眾」（軍爭）、「廓地分利」（軍爭）等行爲，來獲得貫徹。這些作法固然可以暫解軍需補給的燃眉之急，達到節約國家資源之目的，但卻缺乏道德的正當性，正因其缺乏道德的正當性，可能因此而造成民心的背離的嚴重後果，甚至付出昂貴的政治代價。例如：「掠鄉分眾」、「廓地分利」等行爲，其實與盜匪何異？又豈是王者之師？將何以「令民與上同意」（始計）而迎接天下人心的歸向？至於「因糧於敵」、「取敵之貨」也應僅限於敵軍陣營，若及於敵國民間，不僅軍紀蕩然，也必將遭致民怨沸騰的惡果，自與效益原則將大相違背。

**附　註：**

註　一：見本書第二十六頁

註　二：見《新戰爭論》第四十四頁 Alvin and Heidi Toffler 著 傅凌譯 時報文化八三年一月 台北初版

註　三：見《春秋時期的步兵・春秋時期戰爭概說》　藍永蔚著　木鐸出版社七六年四月　台北初版

註　四：見《新戰爭論》第五、六、九章。大體《新戰爭論》是從戰爭工具的演進，分析出三種不同型態的戰爭，即是所謂的第一波、第二波及第三波戰爭。所謂第一波戰爭是指「肌肉能」的戰爭、第二波戰爭是指「火藥能」的戰爭、第三波戰爭是指「科技能」的戰爭。

註　五：見《孫子戰爭論》第三十一頁　蕭天石著　自由出版社七二年十月　台北四版

註　六：見《軍事概念與哲學》第五十七頁 Henry E. Eccles 著 常香圻・梁純錚譯　黎明書局七一年三月　台北四版

註　七：見《中國戰略思想史》第九十三頁　鈕先鍾著　黎明書局八一年十月　台北初版

註　八：見《先秦軍事謀略思想研究》第三三〇頁　吳順令著　國立臺灣師範大學八十一年國文研究所博士論文

註　九：見《孫子兵法思想體系精解》第一六八頁　王建東著　文岡圖書公司六八年三月　台北再版

註　十：見《司馬法・仁本篇》

註十一：見《孫子兵法與現代戰略》第七十九頁　李啓明著　黎明書局八十年四月　台北再版

註十二：見《戰爭論》第十二頁　Carl von Clausewitz著　王洽南譯　國防部史政編譯局八十年三月　台北初版

註十三：見《尉繚子・戰威篇》

註十四：如張預註：「恩信使民。」曹操註：「道之以教令。」杜牧註：「道者，仁義也。」

註十五：同註一第一九九頁

註十六：見《孟子・盡心篇下》

註十七：見《論語・學而篇》

註十八：見《論語・八佾篇》

註十九：見《論語・學而篇》

註二十：見《四書集注》

註廿一：見《孟子・梁惠王篇》

註廿二：見《蘇東坡全集》〈應詔集卷八・孫武論下〉

註廿三：同註廿一

註廿四：同註二第一八四頁

註廿五：所謂軍制學，係制定軍事制度所根據的學理。其中對於軍事組織之調整，必須考慮到「基本任務」

之需要。見《軍制學》第一章第二頁及第四章第十五頁　國防部八十年六月印頒

註廿六：見《陸軍後勤要綱》第一篇第一頁　陸軍總司令部七五年十二月印頒

# 參考書目

## 壹、書籍部份：

一、宋本十一家注孫子　魏曹操等注　楊家駱主編　世界書局七六年三月再版
二、武經七書直解　明劉寅著　實踐學社四八年印行
三、竹簡兵法　孫武、孫臏原著　河洛出版社六四年初版
四、孫子兵法思想體系精解　王建東著　文岡圖書公司六八年三月　再版
五、孫子兵法大全　魏汝霖著　黎明書局七五年七月　四版
六、孫子戰爭論　蕭天石著　自由出版社七二年十月　四版
七、孫子兵法研究　李浴日編譯　黎明書局七九年九月　四版
八、孫子兵法與現代戰略　李啓明著　黎明書局八十年四月　再版
九、孫子兵法辭典　湖北人民出版社　一九九四年五月初版
十、孫子新探　第一屆孫子兵法國際研討會會議資料

十一、孫子兵法講授計畫　教育部軍訓處主編　幼獅書局七八年三月　初版
十二、孫子三論　鈕先鍾著　麥田出版社八五年初版
十三、四書集注　宋朱熹集注　世界書局六八年八月　二四版
十四、廣解四書　蔣伯潛廣解　東華書局七十年八月　一七版
十五、老子今註今譯　陳鼓應註譯　商務印書館六六年一月　三版
十六、中國歷代兵法家軍事思想　金基洞著　幼獅書局七六年六月　初版
十七、國史大綱　錢穆著　商務印書館六九年十一月　七版
十八、中國通史　傅樂成著　大中國圖書公司六八年八月　二版
十九、中國戰略思想史　鈕先鍾著　黎明書局八一年十月　初版
二十、中外戰爭全史　李則芬著　黎明書局七四年十一月　初版
廿一、中國戰史大辭典　國防部史政編譯局　黎明書局七八年八月　初版
廿二、先秦戰爭哲學　曾國垣著　商務印書館六一年八月　初版

廿三、先秦七大哲學家　韋政通著　牧童出版社六六年十二月　三版
廿四、中國國防思想史　徐培根著　中央文物供應社七二年六月　初版
廿五、中國軍事思想　劉仲平著　中央文物供應社七十年十二月　初版
廿六、中國軍事教育史　李震著　中央文物供應社七二年二月　初版
廿七、軍事戰略　丁肇強著　中央文物供應社七三年三月　初版
廿八、軍事概念與哲學　Henry E. Eccles 著　常香圻・梁純錚譯　黎明書局七一年三月　四版
廿九、戰略論　B. H. Liddell Hart著　鈕先鍾譯　軍事譯粹社　六九年十二月　四版
三十、核子時代的戰略問題　鈕先鍾著　軍事譯粹社七七年十月　初版
卅一、戰略研究與戰略思想　鈕先鍾著　軍事譯粹社七七年十月　初版
卅二、戰爭指導　J. F. C. Fuller 著　鈕先鍾譯　軍事譯粹社七十年六月　再版
卅三、現代軍事思潮　蔣緯國著　黎明書局七九年三月　初版
卅四、軍制基本原理　蔣緯國著　黎明書局七七年八月　七版

卅五、戰爭原則釋義　馮倫意編纂　黎明書局七九年三月　再版
卅六、國軍軍事思想　國防部六七年四月印頒
卅七、陸軍作戰要綱－聯合兵種指揮　國防部印頒
卅八、陸軍後勤要綱　陸軍總司令部頒行　七五年十二月
卅九、軍制學　國防部八十年六月印頒
四十、新戰爭論　Alvin and Heidi Toffler 著　傅凌譯　時報文化公司八三年一月　初版

## 貳、論文部份：

一、先秦軍事謀略思想研究　吳順令著　國立臺灣師範大學國文研究所博士論文
二、我國兵家之管理思想　黃營杉著　國立政治大學企管研究所博士論文
三、孫子思想研究　鄭峰明著　國立臺灣師範大學國文研究所碩士論文
四、孫武兵法與孫臏兵法研究　康寔鎮著　輔仁大學中國文學研究所碩士論文
五、武經七書中政治作戰思想之研究　周禮鶴著　政治作戰學校政治研究所碩士論文
六、先秦兵家要旨　周紹賢著　輔仁學誌十四期
七、臨沂銀雀山漢墓出土《孫子兵法》殘簡釋文　銀雀山、漢墓竹簡整理小組　文物月刊一九七四年第十二期
八、略談臨沂漢墓竹簡《孫子兵法》　詹立波著　文物月刊一九七四年第十二期
九、孫子軍形思想之研究　許競任著　八十五年軍訓教官論文著作

附圖： **孫子兵學大系**

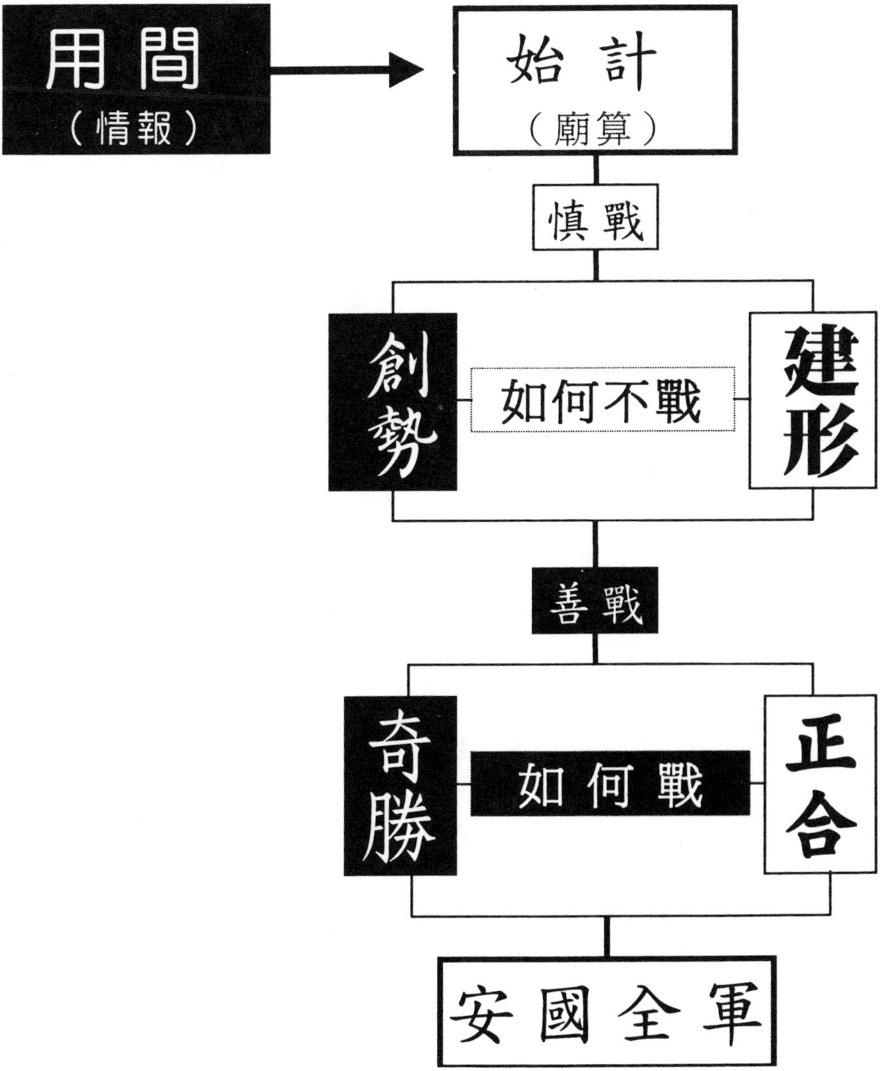

國家圖書館出版品預行編目資料

孫子探微／許競任著．— —三版.— —〔台北縣淡水鎮〕：
許競任出版；台北市：揚智總經銷，2002〔民 91〕
面：　　公分
參考書目：　面

ISBN 957-41-0453-2〔平裝〕
1. 孫子兵法—研究與考訂

592.092　　91014000

孫子探微

著　　作／許競任
發 行 人／許競任
總 經 銷／揚智出版社
地址：台北市新生南路三段八十八號五樓之六
電話：〇二—二三六六〇三〇九
印 刷 所／政鏈實業股份有限公司
地址：桃園縣桃園市大同西路廿三號
電話：〇三—三三五六二〇六
版　　次／一九九六年八月初版
二〇〇二年八月三版一刷
定　　價／新台幣二八〇元
ISBN 957-41-0453-2